农村科技口袋书

优质牧草丰产新技术

中国农村技术开发中心 编著

中国农业科学技术出版社

## 图书在版编目（CIP）数据

优质牧草丰产新技术 / 中国农村技术开发中心编著. —北京：中国农业科学技术出版社，2016.12

ISBN978-7-5116-2920-3

Ⅰ. ①优… Ⅱ. ①中… Ⅲ. ①牧草—栽培技术

Ⅳ. ①S54

中国版本图书馆 CIP 数据核字（2016）第 321272 号

| | |
|---|---|
| 责任编辑 | 史咏竹 |
| 责任校对 | 马广洋 |

| | |
|---|---|
| 出　版 | 中国农业科学技术出版社 |
| | 北京市中关村南大街 12 号　邮编：100081 |
| 电　话 | （010）82105169　82109707（编辑室） |
| | （010）82109702（发行部）　（010）82109709（读者服务部） |
| 传　真 | （010）82109707 |
| 网　址 | http://www.castp.cn |
| 经　销 | 各地新华书店 |
| 印　刷 | 北京地大天成印务有限公司 |
| 开　本 | 880 mm×1 230 mm　1/64 |
| 印　张 | 4.125 |
| 字　数 | 133 千字 |
| 版　次 | 2016 年 12 月第 1 版　2017 年 9 月第 2 次印刷 |
| 定　价 | 9.80 元 |

# 《优质牧草丰产新技术》

# 编 委 会

**主　任：**贾敬敦

**副主任：**赵红光　卢兵友

**成　员：**（按姓氏笔画排序）

王　雨　王振忠　李宇飞

杨富裕　董　文

# 编写人员

**主　编：** 杨富裕　李宇飞　董　文

**副主编：** 王　雨　王振忠

**编　者：** （按姓氏笔画排序）

王　雨　　王　瑜　　王振忠　　毛培春

左　锋　　刘　洋　　刘　磊　　刘公社

刘富渊　　安　渊　　严学兵　　李　红

李达旭　　李宇飞　　杨培志　　杨富裕

张　玉　　张建国　　张鹤山　　呼天明

周青平　　孟　林　　侯扶江　　袁庆华

贾逸敏　　顾洪如　　徐春城　　徐得泽

郭玉霞　　黄秀生　　黄勤楼　　盖希坤

梁国玲　　董　文　　颜红波

# 序

　　为了充分发挥科技服务农业生产一线的作用，将当前适用的农业新技术及时有效地送到田间地头，更好地使"科技兴农"落到实处，中国农村技术开发中心在深入生产一线和专家座谈的基础上，紧紧围绕当前农业生产对先进适用技术的迫切需求，立足"国家科技支撑计划"等产生的最新科技成果，组织专家精心编写了小巧轻便、便于携带、通俗实用的"农村科技口袋书"丛书。丛书筛选凝练了"国家科技支撑计划"农业项目实施取得的新技术，旨在方便广大科技特派员、种养大户、专业合作社和农民等利用现代农业科学知识、发展现代农业、增收致富和促进农业增产增效，为加快社会主义新农村建设和保证国家粮食安全做出贡献。

"农村科技口袋书"由来自农业生产、科研一线的专家、学者和科技管理人员共同编写，围绕关系国计民生的重要农业生产领域，按年度开发形成系列丛书。书中所收录的技术均为新技术，成熟、实用、易操作、见效快，既能满足广大农民和科技特派员的需求，也有助于家庭农场、现代职业农民、种植养殖大户解决生产实际问题。

　　在丛书编写过程中，我们力求将复杂技术通俗化、图文化、公式化，并在不影响阅读的情况下，将书设计成口袋大小，既方便携带，又简洁实用，便于农民朋友随时随地查阅。但由于水平有限，不足之处在所难免，恳请批评指正。

编　者

2016 年 11 月

# 前　言

　　中国饲草资源极其丰富，以苜蓿为代表的豆科牧草蛋白质含量高，营养价值丰富。中国中低产田面积约占12亿亩（1亩≈667平方米），南方亚热带地区有冬闲田1.6亿亩，南方山地可利用面积约7亿亩，无林地和疏林地有近10亿亩，盐碱地等边际土地约17亿亩，滩涂有4 000多万亩，均可用于种植牧草。"引草入田"，实行草田轮作，既可以改良土壤、减少农业面源污染、提高粮食产量，又可以生产优质饲草，为畜牧业发展提供有力支撑。

　　为了充分发挥科技服务饲草—畜牧业产业链的功能，使科技转化为实际生产力，中国农村技术开发中心在深入生产一线和专家座谈的基础上，紧紧围绕当前饲草生产加工至饲喂各个环节对先进适用技术的迫切需求，立足"国家科技支撑计划"等产生的最新科技成果，组织来自饲草生产、科研一线的专家、学者和科技管理人员共同编写了"农村科技口袋书"丛书中的《优质牧草丰产新技术》一书。作者们针对中国不同地区牧草种植和草食家畜养殖现状，筛选凝练了优质牧草种植、加工调制和家畜高效利用等方面的新品种、新装备、新技术、新模式等相关成果，并将其编写成书。本书具有实用性且易操作，希望能满足广大农民和科技特派员的需求，同时也能帮助农牧民解决生产实际问题，提高节粮型草食畜牧业的生产水平和效率，促进农牧民增收致富。

在本书编写过程中，得到了中国农业大学、中国农业科学院、湖北省农业科学院等多家科研院所的领导和专家的支持，在此一并致谢！由于编写任务繁重，时间有限，不足之处在所难免，恳请批评指正。

编　者

2016 年 11 月

# 目　录

## 第一章　优质牧草新品种

# 第二章　牧草丰产技术与模式

## 第三章　多元化草产品加工技术

## 第四章 牧草利用技术与模式

# 第一章
## 优质牧草新品种

# 中苜 4 号紫花苜蓿

## 品种来源

中国农业科学院北京畜牧兽医研究所选育。2011 年通过全国草品种审定委员会审定，品种登记号为 438。

## 特征特性

返青早、再生性快，在黄淮海地区每年可刈割 4 茬鲜草。产草量高，比对照品种中苜 2 号高出 10%，在黄淮海地区干草产量达 930～1 130 千克/亩①。营养丰富，初花期干物质中粗蛋白质含量达 19.68%。优良性状能相对稳定的遗传，具有一定的稳定性。

## 适宜地区

适于黄淮海地区种植，也可以在华北平原及其类似地区种植。

---

① 1 亩≈667 平方米，全书同

**注意事项**

　　播种前要根据土壤的实际情况施足底肥，肥土混合均匀，精细整地，要做到深耕细耙，上松下实，以利出苗；黄淮海地区播种时间一般选择在8月下旬到9月中旬为宜；播种量为1千克/亩，播种深度为2厘米，行距30厘米，在首次种植苜蓿的地块要进行种子根瘤菌拌种；苜蓿在播种当年要注意田间的杂草防除及中耕松土；青刈利用以株高30～40厘米时开始为宜，早春掐芽和细嫩期刈割减产较为明显。

中苜4号的大田种植

# 中草 5 号紫花苜蓿

## 品种来源

中国农业科学院草原研究所选育。以来自国内外的不同特异苜蓿种质材料为亲本，经过多代选择、选系间杂交、杂种优势分析，以及系统的品比试验、区域试验和生产试验选育而成。2012年通过内蒙古自治区草品种审定委员会审定，品种登记号为 N009。

## 特征特性

该品种抗寒性强，越冬返青率高，持久性好，而且相对再生快、产量高，蛋白质含量高，草质优良，青饲和调制干草均很好。在内蒙古① 不同地区种植，每公顷产干草 10 300 千克左右。

## 适宜地区

内蒙古呼和浩特市及其周边区域。

---

① 内蒙古自治区，全书简称内蒙古

中草 5 号紫花苜蓿的大田种植

# 中草 8 号杂花苜蓿

## 品种来源

中国农业科学院草原研究所选育。以黄花苜蓿优良无性系为母本，以多个紫花苜蓿为父本，经种间杂交选育而成。2015 年通过内蒙古自治区草品种审定委员会审定，品种登记号为 N040。

## 特征特性

该品种花杂色，由于聚合了我国黄花苜蓿抗逆性基因和多个紫花苜蓿种质的高产、高再生性基因，抗旱、抗寒性更加突出。在内蒙古不同地区种质每公顷产干草 10 000 千克左右。在我国北方寒冷、干旱地区草地植被恢复、单播或混播人工草地建立以及生态建设等生产利用中具有极大的推广应用前景。

## 适宜地区

内蒙古及其周边的草原区。

中草 8 号杂花苜蓿的大田种植

# 草原 4 号苜蓿

## 品种来源

内蒙古农业大学选育，以来源于国内外不同地区的 400 余份苜蓿材料为原始材料经系统选育而成，2015 年通过内蒙古自治区草品种审定委员会审（认）定，品种审定编号为 477。

## 特征特性

该品种植株直立，株高在 50～85 厘米。根系发达，主侧根明显，具有水平生长的根及根蘖，根颈入土深度 7～15 厘米，直径为 1.2～2.5 厘米，根颈膨大，密生许多幼芽；茎直立或斜生，有茸毛，密度约为 68 个 / 平方毫米，茎上有腺体、密度为 68 个 / 平方毫米；具棱，茎粗 0.4～1.2 厘米，多为深绿色，少有棕紫色，分枝多；叶多为三出复叶，椭圆形，中叶较大、侧长椭圆形，叶表面有茸毛；花为总状花序花序长 1.8～5.0 厘米，每个花序有 20～35 个小花，花冠为紫色或深紫色；荚果多为螺旋形（2～3 回），少数为镰刀形，表面光滑，有脉纹，每荚含种子 2～9 粒；种子肾形或椭圆形，黄褐色，陈旧种子深褐色，千粒重1.86～2.35克。草原4号苜蓿品质优良，粗蛋白质含量达21.17%，适口性好，消化率高；抗病虫害（抗虫指数为0.334）、抗旱、抗寒、耐瘠薄等，适应性强；每公顷鲜草产量达31 951.34千克。

### 适宜地区

适宜在我国山东、河北、陕西、山西等省，以及内蒙古中南部种植。

### 注意事项

早春土壤解冻后，苜蓿为萌发之前进行浅耙松土，提高地温，利于返青。

**草原4号苜蓿**

# 北林 202 紫花苜蓿

## 品种来源

北京林业大学选育。从 2000 年呼伦贝尔种植的 8 万亩苜蓿中，经多年自然抗寒锻炼存活的单株选育而成，具高抗寒性。2013 年通过内蒙古自治区草品种审定委员会审定，品种登记号为 N019。

## 特征特性

秋眠等级为 2，中抗镰刀菌根腐病，中抗匐柄霉叶斑病。本品系株型半直立，第三年平均株高 74.75 厘米，深根颈型，根颈宽大，分枝多，平均单株分枝数达 59，叶片中等稍大，长卵圆形，叶色绿，花紫色为主，少量杂花，荚果螺旋状，2～3 回，种子千粒重 2.10 克。本品系产量较高，干鲜比达 1∶4，茎叶比 1.32，每公顷产干草 6 004.8 千克，高出对照品种产量 17.9%。在呼伦贝尔地区 8 月 26 日左右进入休眠期，5 月 10 日左右开始返青，生育期 106 天，抗寒性强，移栽第一年越冬率为 95.1%，次年越冬再生率

98.3%。

## 适宜地区

适宜于我国北方寒冷种植区。可扩展到高纬度干旱半干旱草原区、冷凉山区、海拔 2 000 米以下的高寒草原区、山地草原区，以及东北温凉湿润区。

## 注意事项

呼伦贝尔地区可在 5 月下旬至 6 月上旬播种，旱作时可在雨季播种。选择中性或微碱性土壤（pH 值范围最佳在 6.3～7.5），沙壤土、壤土、含石灰质的土壤均可种植，土壤有机质含量应不低于 1.5%。地下水位高于 2 厘米。要求整地精细，进行深翻、耙细、整平，达到地平土细。播前除尽杂草。在翻耕、耙细、整平后随即镇压，以使播种深度一致，保证全苗。播量 22.5～30.0 千克/公顷，深度 1～2 厘米，为下种均匀，可与细沙或细土混匀以利播种，有条件可进行根瘤菌接种。

**北林 202 紫花苜蓿的大田种植**

# 鄂牧 5 号红三叶

## 品种来源

湖北省农业科学院畜牧兽医研究所选育，以湖北巴东地区野生红三叶为原始材料，经系统选育而成，2015 年通过国家草品种审定委员会审定，登记号 478。

## 特征特性

豆科三叶草属短多年生植物，茎直立或斜生，分枝力强，株高 90～102 厘米；掌状三出复叶，小叶长椭圆形。头状花序腋生，含小花 95～150 朵；花瓣蝶形，红色或紫红色；种子肾形，黄褐色，种子千粒重 1.612 克。喜温暖湿润气候，不耐炎热，较适宜长江流域海拔 800 米以上山区、中国西南部及云贵高原地区栽培。分枝期粗蛋白含量 22.8%，粗脂肪含量 3.4%。干草产量每公顷 9 000～12 000 千克。

## 适宜地区

适宜长江流域海拔 800 米以上山地，云贵高原及我国西南山地、丘陵地区栽培。

### 注意事项

第一次刈割在初花期，留茬高度5～10厘米。

**鄂牧5号红三叶田间种植**

# 热研 21 号圭亚那柱花草

## 品种来源

中国热带农业科学院热带作物品种资源研究所选育。2011 年通过全国草品种审定委员会审定，品种登记号为 440。

## 特征特性

适口性好，营养生长期粗蛋白质含量 19.82%，粗脂 5.56%，粗纤维 30.965%，无氮浸出物 36.085%，在适宜区域内年产干草可达 10 000 千克 / 公顷。较耐炭疽病，多年观测其炭疽病级为 2.50 级，发病高峰期最大病级 6 级。耐干旱，可耐 4～5 个月的连续干旱，在年降水 755 毫米以上的热带地区表现良好。土壤适应性广，适应各种土壤类型，尤耐低磷土壤和酸性瘦土。

## 适宜地区

我国长江以南、年降水 600 毫米以上的热带、亚热带地区，在海南省、广东省、广西<sup>①</sup>、云南省、福建省、四川省攀枝花市、江西省瑞金市等地表现最优。

**热研 21 号圭亚那柱花草**

———————————

① 广西壮族自治区，全书简称广西

# 中草 7 号扁蓿豆

## 品种来源

中国农业科学院草原研究所选育。以具有不同优异特性的扁蓿豆种质材料为亲本，进行杂交，对杂交后代经过十几年的连续选择和系统的品比试验、区域试验和生产试验选育而成。2014 年通过内蒙古自治区草品种审定委员会审定，品种登记号为 N032。

## 特征特性

该品种叶细长、极端抗旱、抗寒，耐瘠薄，种植利用持久性好，营养价值高，已经开始在退化草地补播、放牧型人工草地建立、水土保持等生产中推广利用。在内蒙古不同地区种植，每公顷产干草 4 500～5 000 千克。

## 适宜地区

我国内蒙古等干旱、半干旱地区。

**中草 7 号扁蓿豆的大田种植**

# 川北箭筈豌豆

## 品种来源

源于川北地区绵阳市平武县的地方品种，已经在当地推广应用 30 余年。四川省农业科学院土壤肥料研究所于 1998 年到绵阳市平武县采集种子，后经多年选育而成。

## 特征特性

豆科野豌豆属一年生草本植物。主根肥大，入土不深，侧根发达，根瘤多，茎粗，有条棱，多分枝，长约 120 厘米；花 1～3 朵生于叶腋，花梗短；花冠蝶形，紫色或红色。条形荚果，每荚含种子 7～12 粒。种子黑褐色，千粒重 62.68 克。生育期 235～252 天，抗寒性较强，不耐高温，耐旱能力较强；耐盐力略差，适宜 pH 值为 5.0～7.0，对长江流域以南的红壤、石灰性紫色土、冲积土都能适应。

## 适宜地区

适宜年降水量 800 毫米以上亚热带地区，在

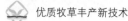 

四川省、云南省、贵州省、重庆市等地可大面积推广种植；在海拔 500～3 000 米均可栽培。

### 注意事项

（1）苗期要注意除杂保苗。

（2）箭筈豌豆要适当晾晒再饲喂。

（3）箭筈豌豆也可收获种子作为精饲料，待种子收获完后，可收获茎秆作青贮。

川北箭筈豌豆示范基地

# 松嫩秣食豆

## 品种来源

黑龙江省畜牧研究所选育。20 世纪 60 年代在黑龙江省松嫩平原西部经过长期栽培、推广种植，已成为适应当地气候、土壤条件的地方品种。2013 年通过全国草品种审定委员会审定，品种登记号为 455。

## 特征特性

轴根型，根系发达；株高 180～190 厘米，生长初期直立，后期上部蔓生或缠绕，茎密被黄色硬毛；三出羽状复叶，小叶 3，大而较厚，顶生小叶卵形或椭圆形，侧生小叶卵圆形，叶柄长，托叶披针形；总状花序腋生，通常有花 5～6 朵，花冠蝶形，淡紫色；荚果矩圆形，成熟时为黑褐色，每荚种子 2～3 粒；种子扁椭圆形，黑色，百粒重 12～14 克。

秣食豆喜温，发芽的最低温度为 6～8℃，最适温度 18～22℃。适应性强；抗旱、根系发达，耐阴，耐瘠薄，较耐盐碱；对土壤要求不严，但以排水良好，土层深厚，肥沃的黑壤土、黑沙壤土为宜。在黑龙江省不同生态区均生长良好。在黑龙江地区一般在 5 月上中旬播种，生育天数 130 天左右，可与青贮玉米混播。松嫩秣食豆结荚初期粗蛋白含量 18.24%，是优质的蛋白饲草和混播饲草作物。

### 适宜地区

东北、内蒙古东部等地区。

**松嫩秣食豆大田种植**

# 中科 1 号羊草

## 品种来源

亲本组成：黑龙江省齐齐哈尔市龙沙区、内蒙古新巴尔虎右旗、内蒙古多伦县、内蒙古白旗、河北省沽源县、北京市怀柔区、北京市海淀区的野生羊草种质资源，经过多年株系混合选择法培育而成的羊草新品种（国家级育成品种）。

## 特征特性

株高 120 厘米左右，株型紧凑，叶片扁平，灰绿色，茎秆绿色直立，穗长 18～25 厘米。种子产量一般在 508.5 千克 / 公顷，高产可达 860 千克 / 公顷，种子千粒重 2.3 克左右，最高可达 2.46 克。干草产量为 7 638.3 千克 / 公顷。

## 适宜地区

适宜我国北方地区种植，包括内蒙古、河北、宁夏①、甘肃、黑龙江、吉林、新疆②、河南、山东等地。

## 注意事项

播种深度1～3厘米，行距25～80厘米；播前及播后杂草较多，需要严格防控；种子成熟后及时收获，防止落粒。

中科1号羊草种子

中科1号羊草田间生长情况

---

① 宁夏回族自治区，全书简称宁夏；
② 新疆维吾尔自治区，全书简称新疆

# 龙牧 12 燕麦

## 品种来源

黑龙江省畜牧研究所选育。以 1999 年从青海引进优质燕麦为原始材料，经过多年的引种筛选，通过系统选育，结合茎叶性状、产量、营养成分等分析与评价，育成高产、优质的龙牧 12 燕麦。2013 年由黑龙江省农作物品种审定委员会审定，品种登记号为黑登记 2013016。

## 特征特性

禾本科一年生草本植物，株型直立，整齐一致。叶片宽而平展，长 15～40 厘米，宽 0.6～1.2 厘米，无叶耳，叶舌大。圆锥花序，周散型，穗轴直立，每穗有 4～6 节，节部分枝，着生约 50 个小穗。颖果纺锤形，有簇毛。千粒重 43 克。花期平均株高为 98 厘米，生育期 77 天左右。黑龙江省地区种植平均干草产量 7 646.94 千克 / 公顷。对土壤要求不严，耐瘠薄。饲用价值较高，是畜禽的优质饲草。

## 适宜地区

我国东北、内蒙古东部等地区。

**龙牧 12 燕麦大田种植**

# 青燕 1 号燕麦

## 品种来源

青海省畜牧兽医科学院草原研究所选育。以巴燕 3 号为母本、青永久 146 燕麦为父本杂交选育而成，2011 年 12 月通过青海省农作物品种审定委员会审（认）定，品种审定编号为 2011004。

## 特征特性

早熟，生育期 82～122 天，为粮饲、草籽兼用型作物，株高 125～157 厘米，叶长 19～35 厘米，平均有效分蘖 2.1 蘖 / 株，圆锥花序周散型，穗长 19～25 厘米，主茎小穗 24～50 个，颖果纺锤形，长 6～9 毫米，黑褐色，千粒重 24～33.2 克，平均种子量 226.0 千克 / 亩、鲜草量 2 844.0 千克 / 亩、秸秆产量 376.8 千克 / 亩，其籽粒粗蛋白 16.13%，粗脂肪 4.75%，β- 葡聚糖 4.5%。该品种穗大，生长整齐，适应性强。

## 适宜地区

适宜在海拔 3 000 米以下的低中位山旱区及小块河谷地建立种子田或饲草田；海拔 3 000 米以上的高位山旱地区建立饲草田。

青燕 1 号燕麦种子

青燕 1 号燕麦花序

青燕 1 号燕麦种子田

青燕 1 号燕麦种子田

# 白燕 7 号燕麦

## 品种来源

青海省畜牧兽医科学院草原研究所引进选育。2005 年从吉林省白城市引进，2013 年 1 月通过青海省农作物品种审定委员会审（认）定，品种审定号为 2012002。

## 特征特性

中早熟，生育期 108～132 天，为粮饲、草籽兼用型作物，平均株高 140 厘米，叶长 25.6～35.8 厘米，有效分蘖 2.0～3.3 蘖 / 株，圆锥花序周散型，穗长 16.7～19.4 厘米，主茎小穗 23～50 个，颖果纺锤形，长 10～12 毫米，白色，千粒重 28.6～32.1 克，平均种子产量为 223 千克 / 亩、鲜草产量为 2 600 千克 / 亩。

## 适宜地区

适宜在海拔 2 700 米以下的低中位山旱区及小块河谷地建立种子田和饲草田；海拔 2 700 米以上地区建立饲草田。

白燕 7 号燕麦种子

白燕 7 号燕麦茎节

白燕 7 号燕表种子田

白燕 7 号燕表花序

# 泰特 II 号杂交黑麦草

## 品种来源

2003 年由丹农国际种子公司（DLF International Seeds）（美国）引入中国，经四川省金种燎原种业科技有限责任公司、凉山彝族自治州畜牧兽医科学研究所、四川农业大学多年引种选育而成。

## 特征特性

泰特 II 号杂交黑麦草是四倍体中早熟型品种，由多年生黑麦草和一年生黑麦草杂交育成，耐寒春季开始生长早，产量高，适口性好，株型高大，抗性出色，适应性强。泰特 II 号是多年生疏丛禾草，生育期 274 天（秋播）。每年可割草 4～6 次，再生快，在温和湿润气候地区可利用 3 年左右，但在夏季炎热干旱地区只能利用 1 年。每公顷干物质产量达 12～15 吨。

## 适宜地区

长江流域及以南适宜种植在海拔 800～2 500 米、降水量 800～1 500 毫米、年平均气温 10～25℃的

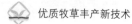

温暖湿润山区。夏季炎热地区只能用作一年生牧草，混播可提高种植当年草地产量。

## 注意事项

（1）苗期要注意除杂保苗。

（2）不适宜低海拔种植，越夏死亡率高。

（3）适宜与鸭茅、白三叶、高羊茅等混播。

泰特Ⅱ号杂交黑麦草推广应用

# 滇北鸭茅

## 品种来源

由四川农业大学、云南省草地动物科学研究院选育。2000 年 7 月，原始亲本材料"02-116"采自云南省昆明市寻甸回族彝族自治县（至曲靖市会泽县途中）高山地区灌木丛中，海拔 2 250 米。后经多次混合选择、栽培驯化选育而成。

## 特征特性

滇北鸭茅系禾本科鸭茅属多年生草本植物，为冷季疏丛型牧草，叶量丰富。成熟植株叶片长 44 厘米左右，宽 12～15 毫米，株高 115～135 厘米。茎基压缩，成扁状。其穗状分枝成 20～30 厘米长的圆锥花序。小穗长 6～9 毫米，每小穗含 2～5 小花，小穗单侧簇集于硬质分枝顶端。种子长 2～3 毫米，宽 0.7～0.9 毫米，千粒重 1 克左右。喜温凉湿润气候。耐热、抗旱、抗寒、抗病、耐瘠薄、耐阴；春季生长快，分蘖能力强，单株分蘖数可达 150 个，再生性好，耐刈割，年可刈草 4～5 次。在我国西南山区秋播翌年 2 月下旬进入拔节期，4 月中下旬开始抽穗开花，5 月下旬或 6

月初种子成熟，生育期245～264天。在我国西南及周边适宜地区，每年可刈割4～5次，干草产量达11 000～15 000千克/公顷。

## 适宜地区

适宜于我国西南丘陵、山地温凉湿润地区种植。海拔600～2 500米为最适区。

## 注意事项

（1）鸭茅宜秋播。

（2）为了安全越夏，多年生鸭茅宜种植在海拔600米以上的温凉湿润地区。

（3）秋季播种鸭茅在夏季抽穗期易受旱涝及锈病影响产量，要注意早期合理的施肥和灌溉，以及选用无病虫害的种子进行播种。

**滇北鸭茅生长营养期**

# 江夏扁穗雀麦

## 品种来源

湖北省农业科学院畜牧兽医研究所选育，以分布在湖北省武汉市江夏区丘陵地带的扁穗雀麦散逸种为原始材料，经多年栽培驯化而成，2012年通过国家草品种审定委员会审定，品种登记号为445。

## 特征特性

禾本科雀麦属一年生或短期多年生植物，疏丛型，茎直立，成熟期株高120～150厘米，有的高达170厘米。叶片窄长披针形，光滑无毛。圆锥花序，开展疏松，长39～43厘米，小穗极压扁。颖果，浅黄色，长条形，极压扁，种子较大，千粒重11.2克左右。喜温暖湿润气候，生长最适气温10～25℃，夏季气温超过35℃时生长受阻。抗冻能力强，在武汉市冬季温度达 -7℃仍保持青绿。草质柔软，叶量丰富，营养期粗蛋白含量16.5%。再生性强，年可刈割3～5次，鲜草平均产量51 609千克/公顷，是长江流域及以南地区冬春缺草季节优良的供青牧草。

## 适宜地区

适宜我国长江流域及以南地区推广种植。

## 注意事项

播种深度2～3厘米，太深不利出苗。

**江夏扁穗雀麦大田种植**

# 闽草 1 号狼尾草

## 品种来源

福建省农科院农业生态研究所选育。该品种2006年采用$^{60}$Co-γ射线辐射处理杂交狼尾草种子而选育成功。2012年4月通过福建省农作物品种审定委会审定，品种登记号为闽认草2012001。

## 特征特性

闽草1号狼尾草适宜温暖湿润的气候生长，在大多数土壤上均可生长，但肥沃湿润的土壤条件更有利于获得高产。闽草1号狼尾草在日平均气温达到15℃时开始生长，25～35℃时生长最快，气温低于10℃时，生长明显受抑，低于0℃，受冻死亡。闽草1号狼尾草为草质直立茎，植株高3.5～4.5米，植株连续分蘖数可达25个以上。在水肥充足条件下，鲜草年产量可达15吨/亩以上，该品种植株糖分含量较其他狼尾草品种高，动物利用适口性较好。

## 适宜地区

亚热带中低海拔地区。

## 注意事项

该品种不耐寒，冬季要作为防冻措施，霜前20天可齐地刈割地上部分，通过覆土或再盖上地膜，也可将种茎和种苑集中放至温室或地窖越冬保种。翌年春天当气温回升时，将地膜掀开或将种茎和种苑再植入大田，以保证翌年春天正常开展牧草生产。

闽草 1 号狼尾草

# 闽牧 6 号狼尾草

## 品种来源

由福建省农业科学院农业生态研究所选育。该品种采用 $^{60}$Co-γ 射线辐射处理杂交狼尾草种子而选育成功。2011 年 3 月通过福建省农作物品种审定委员会审定，品种登记号为闽认草 2011003。

## 特征特性

闽牧 6 号狼尾草喜温暖湿润的气候，在 4 月至 10 月间，日平均气温达到 15℃时开始生长，气温在 25～35℃时，生长速度最为迅速，气温低于 10℃时，生长明显受抑。闽牧 6 号狼尾草株高为 3.0～3.2 米，茎直立且实心圆柱形，有显著的节和节间，节长（植株茎头 10 节平均）9～12 厘米；叶片两面和叶鞘有少量茸毛，叶舌明显质软，成叶长 50～130 厘米，宽 2.5～5.2 厘米；有少量抽穗，穗长 20 厘米左右，柱状花序密生，不结实。在刈割情况下每株分蘖数平均可达 40 个，茎叶比平均为 0.56。闽牧 6 号狼尾草作为畜牧利用，年刈割 5～8 次，鲜草年产量可达 15 吨 / 亩。

## 适宜地区

亚热带中低海拔地区。

## 注意事项

闽牧 6 号狼尾草宜春季扦插种植，春季地温12℃以上时即可下种。该品种不耐寒，霜前 20 天可齐地刈割地上部分，同时将地下部覆土或再盖上地膜，也可将种茎和种蔸集中放至温室或地窖越冬保种。翌年春天当气温回升时，将地膜掀开或将种茎和种蔸再植入大田。

闽牧 6 号狼尾草

# 龙牧 11 扁穗冰草

## 品种来源

黑龙江省畜牧研究所选育。由 1994 年采集于黑龙江省大庆市齐家地区天然草原的野生品种，经过单株选择、混合选择、栽培驯化、多代单株混合选择、经品系比较试验，选育出性状基本稳定、叶量丰富、产草量高、种子成熟一致的优良新品种，历经 18 年选育而成。2012 年通过黑龙江省农作物品种审定委员会审定，品种登记号为黑登记 2012005。

## 特征特性

多年生草本，须根发达，外具砂套，具有根茎，茎秆疏丛型，直立或基部膝曲状弯曲，上部紧接花序部分无毛或被短柔毛，株高 60～110 厘米。叶片长 5～15 厘米，宽 2～5 毫米，质地较柔软，多内卷，少数叶片表皮被毛。穗状花序较粗壮，长 5～7 厘米，宽 8～15 毫米，小穗整齐疏松平行排列，呈篦齿塔状，每小穗含小花 3～7 朵，长 6～12 毫米。种子颖舟形，脊上被柔毛，具芒，芒长2～4毫米。千粒重2.2克，生育期110天。在寒冷干旱区 -45～-35℃条件下越冬率达98%；在年降水量220～400毫米地区生长良好。

## 适宜地区

黑龙江省及我国东北类似气候地区。

野生（左）和龙牧11（右）扁穗冰草

龙牧11扁穗冰草大田种植

# 新苏 3 号苏丹草

## 育种目标

针对新苏 2 号苏丹草在生产过程中刈割后再生速度不一致，种子田单株分蘖数和成熟期差异较大，以刈割后生长快，再生能力强，鲜草产量高，种子田整齐一致、成熟度好为选育目标，筛选出株形整齐、分蘖数多、再生能力强、产草量高等综合农艺性状较好的品种。

## 育种过程

2001 年 6 月下旬在新疆农业大学老满城试验站（乌鲁木齐）新苏 2 号试验小区，发现刈割后植株间再生差异较大；同年 9 月在新疆奇台县草原站种子生产田发现新苏 2 号成熟期不一致，籽粒色泽变化明显。

2005—2007 年采用混合选择法，每年将上年混合脱粒的品系条播，行距 40 厘米，播量 1.2 千克，不进行间苗、定苗，生育期按育种目标淘汰不良单株，当选单株收获后按粒色（深黑色）人工精选种子。2007 年收获混合种子新品系 XS-

2007。2008—2010 年，以 XS-2007 苏丹草、新苏 2 号苏丹草（CK）和奇台苏丹草为材料，连续 3 年在新疆农业大学呼图壁草地试验站进行品比试验。2011—2013 年参加全国草品种区域试验，2014 年 5 月经全国草品种审定委员会审定登记为育成品种。

## 特征特性

该品种为禾本科高粱属一年生草本。每株分蘖数 8~10 个，株高 255~265 厘米，茎秆细长，有 9 个茎节。叶片狭长，叶鞘长 20 厘米，叶长 26 厘米左右，叶宽 5 厘米左右。圆锥花序，椭圆形。种子卵圆形，淡褐色至黑色，千粒重约 12 克。该品种干草产量每公顷约 12 吨，再生能力较强、耐旱、耐盐碱，生育期 120 天左右。适宜我国南方或北方无霜期 130 天以上有灌溉条件的地区种植。

## 注意事项

苏丹草在沙土、黏土和壤土均可种植，可采用单播、混播或套种，适宜春播，土层温度达到 14℃ 以上均可播种，一般北方 4 月中下旬，南方 3 月中下旬；播种量为 2~3 千克 / 亩，播深 3~4 厘米；播前施有机肥 3~4 吨 / 亩或者复合肥 35

千克/亩作底肥，每次刈割后，需施入尿素15千克/亩；平均株高在120厘米时刈割，留茬高度8厘米。

新苏3号苏丹草大田种植

# 蒙农菊苣

## 品种来源

内蒙古农业大学选育，以普纳菊苣为原始材料，采用人工单株—混合选择的方法选育而成，2013 年通过内蒙古自治区草品种审定委员会审（认）定，品种审定编号为 N023。

## 特征特性

该品种为菊科多年生草本植物，主根粗壮，肉质。茎直立，株高 100～140 厘米。基生叶倒向，羽状分裂，叶长 15～25 厘米，叶宽 4～6 厘米，茎生叶少而小，叶背疏生绢毛；茎直立，中空具条棱，疏被粗毛；头状花序，总苞圆柱状，长 8～14 毫米，花舌状，蓝色；瘦果楔形，长 0.2～0.8 毫米，千粒重 1.2～1.5 克。

## 适宜地区

内蒙古中西部及中国西北具有灌溉条件的地区种植。

**注意事项**

蒙农菊苣最佳播种时期为 4 月底至 6 月初，播种太晚不利于幼苗越冬。

蒙农菊苣

# 黔育 1 号菊苣

## 品种来源

由贵州省草业研究所选育。以黔引普那菊苣为原始材料,采用种子航天诱变,经混合选择法培育而成。

## 特征特性

菊科多年生草本植物,直根系、肉质、根深20～30厘米,侧根发达,水平或斜向分布。株高平均为 197 厘米,主茎直立,分枝偏斜,茎具条棱,中空。叶色深绿,叶片互生,25～38 片,基生叶片大,叶长 32～48 厘米,宽 10～13 厘米,茎生叶较小,披针形,叶片折断后有白色乳汁。头状花序,单生于茎和分枝的顶端,或 2～3 个簇生于中部叶腋,总苞圆柱状,长 8～15 毫米,花浅蓝色。生育期 176 天,千粒重约 1.1 克,种子产量 375 千克 / 公顷。莲座期粗蛋白含量 25.48%、粗脂肪 3.17%。2012—2013 年贵州省区域试验平均鲜草产量为 95 939 千克 / 公顷,比对照黔引普那菊苣增产 14.1%。2013 年生产试验平均鲜草产量为 92 907 千克 / 公顷，比对照增产 12.6%。

## 适宜地区

适宜贵州省海拔 1 500 米以下区域种植。

**黔育 1 号菊苣**

# 龙牧 10 号苦荬菜

## 品种来源

黑龙江省畜牧研究所选育。以 20 世纪 80 年代黑龙江省畜牧研究所选育的国审牧草品种龙牧早熟苦荬菜（经过 20 多年的种植已退化严重）为原始材料，通过系统选育，结合茎叶性状、单株产量、营养成分等，育成早熟、丰产性好、整齐一致、品质优的苦荬菜新品种。2012 年通过黑龙江省农作物品种审定委员会审定，品种登记号为黑登记 2012006。

## 特征特性

一年生草本，株型直立，整齐一致，全株含白色乳汁。直根系，主根纺锤形。茎粗 0.7～1.1 厘米，上部多分枝。茎上叶互生，基部抱茎，叶片大，无明显叶柄，叶长 20～30 厘米，叶宽 3～6 厘米，叶缘有齿裂。头状花序，花浅黄色，舌状花；种子为瘦果，紫黑色，有一束白毛，千粒重 1.5 克。花期平均株高为 198 厘米，生育期 120 天左右。对土壤要求不严，耐刈割，再生力较强。饲用价值较高，是畜禽的优质饲草。

## 适宜地区

黑龙江省及我国东北类似气候地区。

龙牧 10 号苦荬菜　　龙牧 10 号苦荬菜大田种植

# 合创 1 号串叶松香草

## 品种来源

由呼和浩特市合创农业科技研究中心、内蒙古农业大学等单位共同选育。以引自西北农林科技大学的串叶松香草为原始群体，通过单株结合混合选择的方法选育而成，2012 年通过内蒙古自治区草品种审定委员会审（认）定，品种审定编号为 N011。

## 特征特性

该品种为菊科串叶松香草属多年生草本，根圆形肥大，粗壮，有多节的水平根颈和营养根。株高 150～250 厘米，茎四棱，直立。叶片椭圆形，基生叶有叶柄，茎生叶对生，无叶柄。头状花序，花杂性，外缘 2～3 层为黄色舌形雌性花，花盘中央为黄褐色管状雄性花。瘦果心脏形，扁平，褐色、外缘有翅，千粒重 20～26 克；鲜草产量 32 000～48 000 千克／公顷，干草产量 7 000～12 000 千克／公顷，种子产量 900～1 300 千克／公顷。

## 适宜地区

适宜在内蒙古中西部及中国的西北地区种植。

## 注意事项

合创 1 号串叶松香草为多年生植物，在呼和浩特地区一般在 4 月底至 6 月初播种最佳，最晚时间不能晚于 8 月底，太晚幼苗长得比较小不利于越冬。

**合创 1 号串叶松香草种植**

# 合饲 2 号饲用玉米

## 品种来源

呼和浩特市合创农业科技研究中心选育。以 L54、7922 与黄 C 杂交选系为母本，以 18599、78599 杂交种选系为父本杂交选育而成，2013 年通过内蒙古自治区草品种审定委员会审（认）定，品种审定编号为 N016。

## 特征特性

该品种成株株型半紧凑型，护颖绿色，花药紫色，花丝黄色，株高 334 厘米，穗位 140 厘米，总叶片数 22 片，雄穗一级分枝 11 个；果穗长筒型，穗轴粉色，穗长 19.5 厘米，穗粗 4.6 厘米，穗行数 14～16 行，行粒数 41.2 粒，穗粒数 697 粒，出籽率 80.8%，籽粒马齿型，黄色，百粒重 38.6 克。合饲 2 号主要适应于全株青贮的饲用品种，该品种持绿性好，生物产量高。

## 适宜地区

适宜在内蒙古中东部地区种植。

**注意事项**

该品种适应性好，对地力要求不严。种植密度在 4 000 株 / 亩以上时一般产量都在 5 吨以上。

合饲 2 号饲用玉米种植

# 合饲 3 号饲用玉米

## 品种来源

呼和浩特市合创农业科技研究中心选育。以 L54 为母本，L06-7 为父本杂交选育而成，2015 年通过内蒙古自治区草品种审定委员会审（认）定，品种审定号为 N050。

## 特征特性

该品种株型半紧凑型，株高 320～340 厘米，穗位 130～150 厘米，总叶片数 22 片，雄穗一级分枝 6～9 个；果穗筒型，穗轴粉色，穗柄长 13～20 厘米，穗茎夹角 35°～45°，穗长 22～24 厘米，穗粗 5.3 厘米，穗行数 18～20 行，行粒数 40～46 粒，穗粒数 786 粒，出籽率 82%，籽粒半硬粒型，黄色，百粒重 38.5 克。

## 适宜地区

适宜在内蒙古 ≥ 10℃有效年积温 2 700℃以上地区种植。

## 注意事项

应选择地势较平坦，土层深厚、质地疏松、通透性好、保水、保肥力较好的地块，使其发挥高产潜能。

合饲 3 号饲用玉米果穗

合饲 3 号饲用玉米种植

# 饲谷 2 号谷子

## 品种来源

中国农业科学院作物科学研究所，内蒙古赤峰市农牧科学研究院和中国农业科学院北京畜牧兽医研究所选育。由农家品种"红根谷"经多年系统选择选育而成。2015 年通过赤峰市农作物品种推荐小组审定登记，品种审定登记号为赤登饲谷 2015001 号。

## 特征特性

（1）生育期：全生育期在北京地区 103 天，在赤峰地区 120 天左右，属中晚熟品种。

（2）幼苗性状：苗叶片绿色，叶鞘圆筒形包茎、浅绿色，叶缘绿色，第一叶椭圆形。

（3）植株性状：成株株型半紧凑型，狭长披针形叶片，叶长 46.7 厘米，叶宽 2.6 厘米，自然株高 145.6 厘米，绝对株高 163.3 厘米，主茎高 137.4 厘米，单株分蘖 2～5 个，茎秆粗细中等，但抗倒伏性强。护颖绿紫色，花药黄白色，花丝黄色。

（4）果穗性状：果穗圆筒形，穗位顶生，主穗长 29.2 厘米，穗码数约 106 个，中码，单株穗重 7.93 克。

（5）籽粒性状：籽粒黄色，卵圆形，千粒重 2.67 克。

（6）产量：在赤峰市平均亩产鲜草约 2 800 千克。

（7）抗性：平均倒伏率 0.0%，田间病害发生情况为谷瘟病、谷锈病 1 级，林西县抗旱性 7 级，赤峰市试点抗旱性 8 级。

## 适宜地区

本品种适宜在内蒙古中东部农牧结合区，黑龙江省、吉林省和辽宁省的西部农牧结合区，河北张家口和承德的坝上地区作为优质干草饲草生产，出苗至成熟 ≥ 10℃ 活动积温 2 800℃ 的地区可以种植，具有较好的适应性和抗旱耐瘠性。

## 注意事项

合理轮作，避免重茬，早中耕，无需间苗，适时清除杂草，制种种植时，要防止肥水过度，以免倒伏。

饲谷号2优良的
饲草表型

饲谷2号在赤峰
大面积生产试验

# 饲谷 5 号谷子

## 品种来源

中国农业科学院作物科学研究所、内蒙古赤峰市农牧科学研究院和中国农业科学院北京畜牧兽医研究所选育。由农家品种东方亮和青 77 青狗尾草杂交后代，经多年系谱选择选育而成。母本来源：青 77 是中国农业科学院作物科学研究从张家口地区搜集的青狗尾草材料，其突出特点是生育期短，播种到成熟 78 天，适合冷凉地区，分蘖性强，抗逆性强。父本来源：东方亮是我国华北北部栽培的农家品种，突出特点适应性强，植株，叶片多。2015 年通过赤峰市农作物品种推荐小组审定登记，品种审定登记号为赤登饲谷 2015002 号。

## 特征特性

（1）生育期：全生育期在北京地区 102 天，在赤峰地区 120 天左右，属中晚熟品种。

（2）幼苗性状：苗叶片绿色，刺毛中长绿色，颖绿色，苗期茎叶长势繁茂。苗叶片绿色，叶鞘圆筒形包茎、浅绿色，叶缘绿色，第一叶椭圆形。

（3）植株性状：成株株型半紧凑型，狭长披针形叶片，自然株高 140.7 厘米，绝对株高 175.3 厘米，主茎高 144.5 厘米，叶长 49.3 厘米、叶宽 2.8 厘米，单株秆重 16.6 克，茎叶比 0.76，鲜干比 3.48，不分蘖。

（4）果穗性状：果穗为较松散的圆筒形，穗位顶生，主穗长 31.7 厘米，穗码数 90 个左右，松码，单株穗重 8.7 克。

（5）籽粒性状：籽粒米黄色，卵圆形，千粒重 3.23 克。

（6）产量：在赤峰市平均亩产鲜草约 2 400 千克。

（7）抗性：平均倒伏率 1%，田间病害发生情况为谷瘟病、谷锈病 1 级，林西县试点抗旱性 7 级，赤峰市试点抗旱性 8 级。

## 适宜地区

本品种适宜在内蒙古中东部农牧结合区，黑龙江省、吉林省和辽宁省的西部农牧结合区，河北省张家口市和承德市的坝上地区作为优质干草饲草生产，出苗至成熟 ≥ 10℃活动积温 2 800℃的地区可以种植，具有较好的适应性和抗旱耐瘠性。

**注意事项**

合理轮作，避免重茬，早中耕，无需间苗，适时清除杂草，制种种植时，要防止肥水过度，以免倒伏。

饲谷 5 号大田种植

# 皖甜粱 1 号青贮型甜高粱

## 品种来源

由安徽科技学院选育。皖甜粱 1 号母本为 7050A，父本为 Sdah，于 2008 年组配，2009 年进行产量和抗性鉴定，2010—2011 年进行品种比较试验。2012—2013 年参加全国能源 / 青贮组高粱品种区域试验，2013 年通过全国高粱品种鉴定委员会鉴定，2014 年由全国农业技术推广服务中心颁发品种证书。

## 特征特性

皖甜粱 1 号平均生育期 143 天，平均株高 330.2 厘米，茎粗 2.05 厘米，分蘖 2.1 个，含糖锤度 17.7%，出汁率 50.7%，倾斜率 21.1%，倒折率 16.8%，丝黑穗病自然发病率为 0，接种发病率两年平均 5.5%。该品种纺锤形中散穗，褐壳白粒，茎秆多汁、粗壮，分蘖力强，耐倒伏，生物学产量高。皖甜粱 1 号具有抗旱、耐涝、耐倒伏等优点。

## 适宜地区

在一般的耕地、轻盐碱地均可种植。

皖甜梁 1 号田间
生长情况

皖甜梁 1 号农作物
品种鉴定证书

# 花溪灰萝卜

## 品种来源

由贵州省草业研究所选育。以贵阳花溪地方品种资源为育种材料，采用系统选育法，经过连续 10 多年选育而成，品种审定登记号为国审草472 号。

## 特征特性

十字花科芸薹属二年生草本，有蜡粉。块根肥大，近球形或纺锤形，淡绿色，淡紫色或淡灰黄色，直径 10～15 厘米，单根重 1.0～5.0 千克，通常上半部露出地面，淡紫色或淡绿色，下半部埋入土中，淡黄色或乳白色，有时全埋土中，在中部以下两侧有须根，黄色。茎于次年春季抽出，高 100 厘米左右，直立，有分枝。基生叶具柄，顶端圆钝，边缘有不规则的纯波状齿，上面蓝绿色，下面浅绿色；茎生叶矩圆状披针形，近全缘，无柄，略抱茎。花黄色。长角果，长 4～8 厘米，喙长 3～8 毫米，每一角果含种子 10～20 粒。种子近球形，深褐色。

## 适宜地区

适宜贵州省丘陵山地种植。

花溪灰萝卜大田种植

# 第二章
# 牧草丰产技术与模式

# 土默特扁蓿豆新品种良种繁育技术

## 技术要点

### 1. 选地与整地

虽然土默特扁蓿豆对土壤具有较强的适应性，对土壤要求不严格，但最好选择在土层深厚、通风良好、光照充足、灌排方便、肥力适中、杂草较少的中性或微碱性沙壤土或黏壤土上进行种植。为防止生物学品种间混杂，保证品种种子纯度，繁殖土默特扁蓿豆的地块应当与其他同类品种的繁殖地适度隔离。

整地是建植土默特扁蓿豆种子田的一个关键环节，土默特扁蓿豆种子小、芽顶土力弱、苗期生长缓慢，地整得不细易造成缺苗、断条现象。播种前必须将地块整平整细，使土壤颗粒细匀，孔隙度适宜。土默特扁蓿豆是深根型植物，适宜深翻，耕翻深度为25～30厘米，在翻地基础上，采用圆盘耙、钉齿耙耙碎土块，平整地面。

### 2. 施　肥

土默特扁蓿豆在瘠薄土地上虽然能够生长，

但是种子产量低，因此在瘠薄地上建植土默特扁蓿豆种子田时施些厩肥，对提高种子产量有显著作用。厩肥最好结合整地施入，以每亩施入农家肥 3 000～5 000 千克为宜。追肥以氮、磷、钾配合施肥为好。在呼和浩特地区，土默特扁蓿豆种子田于播后第二年 6 月初分枝期追施氮 90 千克 /公顷、磷 220 千克 / 公顷、钾 60 千克 / 公顷，种子产量较高。

3. 种子与播种

（1）播种期：因各地自然条件不同播种期很难一致，可春播也可夏播、秋播，在内蒙古地区以春播（5 月中旬）种子产量较高。

（2）播种行距：种子田以 80 厘米的播种行距为宜，种子产量较高。

（3）播种量：种子田的播种量可控制在 0.4～0.8 千克 / 亩，以 0.6 千克 / 亩的播种量种子产量较高。

（4）种子处理：新收的种子硬实率可高达60%。硬实种子的种皮细胞致密，不透水，直接播种不易吸水，发芽率低。传统方法主要依靠加大播量来提高发芽和成苗率，种子利用率极低。所以，在土默特扁蓿豆种子田建植时，在播前应进行种子硬实处理。用 98% 的浓硫酸处理 25～30

分钟或适度打磨破除其硬实的效果较佳，能够使发芽率达到95%以上。可以解决土默特扁蓿豆新品种硬实率高，播种后出苗率低、抓苗难、种子利用率低等最基本的栽培问题。

（5）播种深度与覆土：掌握适宜的播种深度是保苗的关键。一般土壤播种深度以1～2厘米为宜，在干旱条件下，则应深开沟，浅覆土。播后应镇压保墒，力求一次播种保全苗。

4. 灌　水

为防止土壤板结出苗不全，一般选择播前灌水，要求田间持水量达到70%～80%。播后第二年6月初分枝期可开沟追肥并灌水1次，孕蕾期也可适度灌溉。制种后期保持适度干旱胁迫有利于降低落花、落荚，提高种子产量，浇水过多，会使枝条徒长，种子产量降低。

5. 杂草防除

种子田的杂草防除应贯穿于种子生产全过程。播种当年种子生产田由于植株密度小，苗期生长缓慢，杂草危害相当严重。种子田建植时，播前用灭生性除草剂消灭田间杂草，苗后用专用除草剂防除杂草。

6. 种子收获

当种子田70%～80%荚果变为黄褐色时即可

收获。种子收获可人工刈割，最好用割草机刈割，经晾晒清选后装袋贮藏到干凉处储藏备用。

**土默特扁蓿豆大田种植**

# 燕麦种子活力的发芽快速测定技术

## 技术要点

1. 测定指标

（1）平均萌发时间 MJGT（Mean Just Germination Time）：MJGT=$\sum nt/\sum n$，其中 $n$ 为在时间 $t$ 时新发芽种子（胚根伸出种皮）的数量，$t$ 为从设置发芽开始的时间（天数）。

（2）平均发芽时间 MGT（Mean Germination Time）：MGT=$\sum nt/\sum n$，其中 $n$ 为在时间 $t$ 时新发芽种子（胚根伸出种皮至少 2 毫米）的数量，$t$ 为从设置发芽开始的时间（天数）。

2. 发芽条件设定

利用纸卷发芽方法进行测定，设置光照 12 小时，黑暗 12 小时；发芽温度为 20℃；每天分别记录胚根伸出种皮、胚根伸出种皮 2 毫米的种子数。计算 MJGT 和 MGT，通过与对照的比较确定种子的活力水平。

3. 种子活力水平确定

燕麦种子纸卷发芽的平均萌发时间（MJGT）、

平均发芽时间（MGT）与田间出苗率、平均幼苗长度呈负相关；低活力种子的平均萌发时间、平均发芽时间均高于高活力种子；平均萌发时间、平均发芽时间作为燕麦种子活力的快速、可靠的评价方法，可以在3天内确定种子的活力差异。

# 云南威提特东非狼尾草良种生产技术

## 技术要点

良种种子田的建植必需使用该品种的原种，并且必须符合原品种的特征特性。原种来源必须清楚、真实、可靠。种子质量必须达到以下质量标准：纯度不低于99%，净度不低于98%，发芽率大于80%，水分含量低于12%。种子田应选择在海拔1 500～2 000米，年降水量800毫米以上，年均气温13℃以上的地区，且地势平坦开阔、光照充足、土壤耕层5～10厘米、排灌方便、交通通信便利、有隔离带、相对集中连片的地段。东非狼尾草种子生产要求土壤瘠薄，最好选择移除耕作土的生土土壤作为种子田；土壤肥力低时，营养生长受到限制，生殖生长加速。同种不同品种的种子田应间隔500～800米，和其他牧草种子田应间隔30～50米。在播种前对原已准备好的土地轻耙一遍，以破坏土表因雨过天晴而形成的土壳，并可消灭一些刚萌发的杂草幼苗。每年

6—7月水热条件俱佳的季节为适宜播种时间。播种量10~15千克/公顷。播种深度为3~4厘米。播种时可用一定比例的细土和钙镁磷肥拌种，拌好的种子必须当天用完。将拌好的种子和肥料按比例均匀播种于准备好的土壤中，然后轻耙覆土3~4厘米，用滚筒镇压，使种子与土壤紧密结合，以利于发芽出苗。适时中耕除杂，繁殖季节应反复修剪以促进生殖枝萌发。牧草进入枯黄后采用机械或人工收割植株地上部分，用筛孔直径为0.5厘米的筛片，使用专一脱粒机进行种子脱粒、干燥并入库保存。

### 适宜地区

云贵高原海拔2 000米左右的高原地区。

### 注意事项

（1）东非狼尾草种子田应选择地势平坦但土壤相对贫瘠的地段，以利于生殖生长。

（2）生殖生长阶段应反复刈割，将植株高度控制在10厘米以下以刺激生殖枝萌发。

（3）应采用专用机械进行种子分离和清选。

东非狼尾草开花期形态

东非狼尾草结实形态

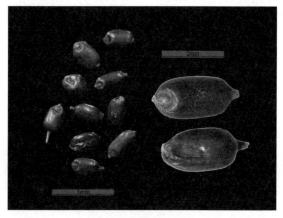

东非狼尾草种子

# 多花黑麦草种子生产技术

## 技术要点

### 1. 环境要求

（1）温度：最适生长温度 20～25℃，耐 -10℃ 左右的低温，35℃ 以上生长受阻。

（2）降水量：无灌溉条件下，年降水量 750～1 500 毫米 地区适宜种子生产。开花期需要 较低的空气相对湿度，种子成熟期要求干燥、无 风、晴朗的天气。

（3）土壤条件：宜选择土层深厚、排水良好、肥力较、具有良好团粒结构的壤土或黏壤土。适宜土壤 pH 值为 5.0～8.0，最适土壤 pH 值为 6.0～7.0。

### 2. 种子田建植

（1）播前准备：① 地块选择与隔离要求。种子田宜选择地势开阔平坦、通风良好、集中连片、光照充足的地块。坡地应选择阳坡或半阳坡，坡度小于 15°；联合收割机收获时，坡度小于 10°。病、虫、草、鼠、鸟害轻。种子田的隔离距离应达到 NY/T 1210—2006《牧草与草坪草种子认证规程》的要求。② 施基肥。施腐熟有机肥 15 000～30 000 千克／公顷。根据土壤肥力状况施化肥，一般以氮磷钾复合肥为基肥。偏酸性土壤，可施适量钙镁磷肥。③ 整地。耕翻土地，深度不少于 20 厘米；精细整地，使土地平整，土粒细小。根据当地降水量设置适宜规格的排水沟。

（2）播种：① 种子质量与种子处理。种子的质量应达到 GB 6142—2008《禾本科草种子质量分级》规定的一级种子的要求。为预防黑穗病，可用 1% 的石灰水浸种 1～2 小时，或采用萎锈灵、福美双拌种。② 播种期。秋播适宜期为 9 月中旬到 10 月中旬，气温在 20℃左右的湿润天气进行播种为宜。③ 播种量。实际播种量以当地习惯为准，数值单位以千克／公顷表示。④ 播种方式。采用单播方式，条播，行距 30～50 厘米，播种深度 1.5～2.0 厘米；土壤较干燥时播后应镇压。⑤ 种肥。播种时施入磷酸二铵 45～90 千克／公顷。

3. 田间管理

（1）松土、灌溉与排涝：播后遇雨土壤板结时，应及时松土；生长季如遇长时间干旱应适时灌溉；雨季要及时排涝。

（2）追肥：三叶期前后追施尿素 120～150 千克/公顷，拔节前施尿素 120～150 千克/公顷；拔节时宜施钾肥；缺磷地块，春季施磷肥。

（3）杂草防除：生长季节应定期防除杂草，清除能导致多花黑麦草品种基因污染的植物。收种前要清除田间地头杂草。

（4）病虫害防治：定期进行病虫害调查，监测主要病虫害种群动态，达到防治指标时进行防治。施用三唑酮、多菌灵等杀菌剂防治锈病、黑穗病。黏虫的防治指标为幼虫密度 10～15 头/平方米，宜在虫龄 2～3 期用杀虫剂防治。

（5）田间检查：分别于苗期，抽穗期至开花前进行至少一次的田间检查，主要对污染植物、病虫杂草为害状况进行检查，具体技术参照 NY/T 1210—2006《牧草与草坪草种子认证规程》执行。

4. 收获与加工

（1）种子收获：① 收获方式。通常在盛花期后的 28～32 天，约 80% 的小穗变黄，或种子含水量为 37%～40% 时，直接用联合收割机收获种子。收获作业宜在天气晴朗、早晨露水未干时进行。收获期间连续多日晴朗无雨的地区，在种子含水量达到 40%～45% 收割，收割下来的植株放置原地排成草垄，经过数日晾晒，待种子含水量降低至 10%～14% 时，使用联合收割机脱粒。② 机械检查与调整。收获前必须对联合收割机进行检查，清除杂质和其他植物及杂草种子。为提高收获效率，还需对联合联合机的滚筒转速及其与凹板的间距等参数进行调整，使粗选物料的种子净度到 90% 以上。

（2）种子干燥：及时晾晒或机械干燥处理，种子含水量降至 11% 以下，进入加工车间进行清选加工。

（3）种子清选：种子的清选应按照 NY/T 1235—2006 的规定执行。应使用除芒机除芒。

（4）种子质量检验与分级：① 种子质量检验。种子扦样依据 GB/T 2930.1—2001《牧草种子检验规程 扦样》，净度分析依据 GB/T 2930.2—2001《牧草种子检验规程 净度分析》，其他植物种子数测定依据 GB/T 2930.3—2001《牧草种子检验规程 其他植物种子数测定》，发芽率测定依据 GB/T 2930.4—2001《牧草种子检验规程 发芽试验》，含水量测定依据 GB/T 2930.8—2001《牧草种子检验规程 水分测定》的规定执行。② 种子质量分级。种子质量分级按照 GB 6142—2008《禾本科草种子质量分级》的规定执行。

（5）种子包装：种子包装与标识按照 NY/T

1577—2007《草籽包装与标识》的规定执行。

**多花黑麦草种子生产技术**

# 老芒麦和披碱草种子生产技术

## 技术要点

### 1. 温　度

老芒麦与披碱草生长发育适宜温度为15～25℃，全年 ≥ 10℃积温达到700℃的地区均可进行种子生产。

### 2. 降水量

在无灌溉条件下，老芒麦、披碱草种子生产需要的年降水量应在350毫米以上，种子成熟期要求干燥、无风、晴朗的天气。

### 3. 光　照

应有充足的长日照条件，年日照时数不少于2 200小时。

### 4. 种子田的准备

（1）土地的选择：种子田选择地形开阔通风、地势平坦（坡度<10°）、灌排水良好。病、虫、杂草、鼠、鸟害轻。便于隔离的地块，前茬近4年没有种植过其他的披碱草属植物。土壤质地以壤土为宜，要求土层厚度在30厘米以上、有机质丰富、肥力中等、pH值5.5～8.5。

（2）隔离：按照 NY/T 1210—2006《牧草与草坪草种子认证规程》的规定执行。

（3）整地措施：① 土壤耕作前，清除地面的石块等杂物。天气晴朗无风时，喷施灭生性除草剂（注意按照各类除草剂残留时间确定喷施时间）。待杂草枯黄死亡后，根据土壤肥力状况施用基肥。② 翻耕深度 20～25 厘米。耙地达到地表平整、土壤粗细均匀、疏松。

5. 播种材料的准备

播种材料的种用质量应符合 GB 6142—2008《禾本科草种子质量分级》一级以上质量要求。

6. 播种技术

（1）播种期：种子生产田的适宜播种时间为 6 月上旬至 7 月中旬。

（2）播种方式：播种宜采用条播，行距 30～45 厘米，覆土深度不超过 2 厘米。

（3）播种量：播种量以当地习惯为准。

7. 田间管理

（1）杂草防除：在整个生育期内，注意控制杂草，尤其是与所生产种子同期成熟的杂草。杂草防除中使用的农药应当符合 GB 4285—89《农药安全使用标准》的有关规定。

（2）虫鼠害防治：定期进行病虫鼠害调查，

监测主要病虫鼠害种群动态，达到防治指标时进行防治。主要虫害有黏虫、小地老虎、蛴螬、根蛆虫等，在返青期—拔节期施用高效氯氟氰菊酯1～2次。在播种前，对播区及周边地区进行鼠害防治，防止害鼠啃噬幼苗，造成缺苗。在鼠害防治过程中所使用的农药按 GB 4285—89《农药安全使用标准》执行。

（3）施肥与灌溉：①整地时施加适量基肥。根据土壤肥力状况施入适量的肥料，施磷酸二铵75～100千克/公顷或 22 500～30 000 千克/公顷农家肥作基肥。在种子生产过程中，根据生长发育需要追施适量肥料。②根据地区降水情况、牧草生长发育需要适时灌溉。地势低洼易积水的地方，应注意排水。在播种前、返青期、抽穗灌浆期、收获刈割后及入冬前应分别进行灌溉。

8. 收　获

（1）收获时间：当种子田中 60%～70% 的种子达到成熟时，即可全部收获。收获时间视种子含水量和生殖枝颜色而定，一般当种子含水量降至 39%～46% 时、生殖枝顶端茎秆颜色变黄可进行收获。

（2）收获方式：采用机械收获。

（3）种子干燥：收获后及时干燥处理，含水量不超过 12%。种子干燥可采用自然干燥和人工干燥。自然干燥是利用日光晾晒的方法。晾晒时要清扫干净晒场。人工干燥采用干燥设备风干或烘干。注意防止温度过高造成种子死亡。

9. 收获后田间管理

种子收获后植株残茬应进行处理，并及时灌溉和施肥。在植株枯黄越冬前及时灌溉以保证牧草的越冬和返青。

10. 清选、分级、包装

（1）清选：老芒麦和披碱草种子的清选应按照 NY/T 1235—2006《牧草与草坪草种子清选技术规程》的规定进行。

（2）分级：依据 GB/T 2930.1—2001《牧草种子检验规程　扦样》、GB/T 2930.2—2001《牧草种子检验规程　净度分析》、GB/T 2930.3—2001《牧草种子检验规程　其他植物种子数测定》GB/T 2930.4—2001《牧草种子检验规程　发芽试验》、GB/T 2930.8—2011《牧草种子检验规程　水分测定》的规定进行种子质量检验，按照 GB 6142—2008《禾本科草种子质量分级》的规定进行种子质量分级。

（3）包装：合格种子应进行包装，包装标识应按 NY/T 1577—2007《草籽包装与标识》规定执行。

**老芒麦大田种植**

# 同德小花碱茅种子生产及加工技术

## 技术要点

### 1. 种子田选择

选择开阔、通风、阳坡或半阳坡、坡度平缓（<20°）、集中成片、排水方便、勿连作的地块。设置种子田空间隔离距离 500 米，隔离品种选用一年生豆类作物；建立保护设施，防止牲畜践踏。

### 2. 栽培技术

耕翻深度 25.0～30.0 厘米。耙磨，使土表细碎、平整而无杂草。整地时，施腐熟有机肥（$3×10^4$）～（$4.5×10^4$）千克/公顷或磷酸二铵135～150 千克/公顷作基肥；原种生产符合 GB 6142—2008《禾本科草种子质量分级》的一级种子，注册种生产符合 GB 6142 的二级种子，商品种生产符合 GB 6142—2008《禾本科草种子质量分级》的三级种子。播种方式为条播，行距30厘米，覆土 1～2 厘米，耙糖、镇压。播种量7.5～9.0 千克/公顷。海拔高度 3 500 米以下地区，5 月下旬至 6 月上旬播种；海拔高度 3 500～4 000米地区，6 月中旬至下旬播种。

3. 田间管理

幼苗 4 叶期人工除杂或使用高效、低毒、无残留除草剂清除阔叶杂草；开花期人工除杂。生长第三年株高达 15～20 厘米时，雨天追施尿素 45～75 千克 / 公顷。

4. 种子收获及加工

蜡熟期进行人工或机械收获，放置后熟 5～7 天，晒干脱粒；脱粒时防止品种混杂，单收、单打、单独保存。晾晒干燥后，机械或人工清选，参照 DB63/T 708《青海扁茎早熟禾种子清选技术规程》执行。干燥清选后的种子定量包装，附标签，种子贮藏含水量 10%～11%。原种贮存在冷藏库，温度 -5～5℃，相对湿度 46%～52%。参照 DB63/T 658《燕麦种子包装贮运技术规程》执行。

同德小花碱茅种子田　　　　同德小花碱茅种子

# 威宁球茎草芦牧草及种子丰产栽培技术

## 技术要点

1. 咸宁球茎草芦牧草丰产栽培技术要点

（1）播种：可春播和秋播，春播为2月下旬至3月上旬，秋播为9月至10月中旬；可采用条播或撒播方式播种，条播的播种量为7.5～9.0千克/公顷，行距50厘米、播深2～3厘米，播后镇压；撒播的播种量为9.0～12.0千克/公顷。可用于混播草地建植，其用种量30%～35%为宜。

（2）草地管理：出苗后株高4～5厘米时，施尿素75千克/公顷作提苗肥；在分蘖初期轻牧1次。每次利用后追施少量尿素90～120千克/公顷；初霜期及早春追施尿素120千克/公顷、硫酸钾150千克/公顷。在严重干旱情况下适时浇水。

（3）病虫害防治：5—10月感染铁锈病时，及时刈割或放牧，或使用粉锈灵等药剂防治；3—4月遭受麦二叉蚜虫侵害，及时刈割、灌水，或使用霹蚜雾等药剂防治。

（4）草地利用：牧草高度为35～40厘米时开始刈割利用为宜，留茬高度6～8厘米，初霜期前停止利用；单播草地的利用可刈割几茬后再放牧利用，也可直接放牧利用。一般20～35天放牧一次，不能重牧；混播草地利用采取划区轮牧，第一次放牧在草层高度20～25厘米时开始，最后一次放牧在11月下旬前；每次放牧留茬高度6～8厘米。

2. 威宁球茎草芦种子丰产栽培技术要点

（1）在9月中旬至10月上旬播种，采用条播，行距50厘米，播深2～3厘米，施农家肥12 000～15 000千克/公顷，播种量为7.5千克/公顷。

（2）植株长至10～15厘米时轻牧一次，促进分蘖；植株长至35～45厘米时，适时放牧或刈割，留茬高度为5～8厘米，且每次利用后追施氮肥，用量为120～150千克/公顷；12月上旬前停止利用，并施用氮肥和磷肥作过冬肥，用量分别为150～180千克/公顷和225～300千克/公顷；翌年2月中旬利用一次后对草地进行封闭，封闭期为翌年2月中下旬至6月下旬；6月下旬至7月上旬收种后，及时刈割残茬，中耕松土，并追施氮肥，用量为150～180千克/公顷；8～11月适时刈割或放牧，为来年种子生产做好准备。

（3）封闭期管理：在抽穗期，采用根部追施过磷酸钙和硫酸钾，用量分别为225～300千克/公顷和75～120千克/公顷。

（4）开花期管理：在盛花期，选择晴朗天气的11:00—15:00，用人工于田地的两侧，拉一绳索或线网从草地上部掠过，往返3～5次。一般人工辅助授粉1～2次，间隔时间3～4天。

（5）种子收获：6月下旬至7月上旬，当穗状花序下部种子成熟，且有50%～60%的穗子变成蜡黄色时及时采收。

## 适宜地区

（1）牧草适宜贵州省及其他省区相似生态区域的丘陵区种植。

（2）种子适宜贵州省丘陵地区种植。

**威宁球茎草芦种子生产**

# 菊苣种子生产技术

## 技术要点

（1）播种时间：8月中下旬育苗。

（2）肥床育苗：将耕地表土堆放于畦面，摊成厚3厘米的条形苗床，在播种前5～7天，每平方米苗床用碳酸氢铵50克、过磷酸钙250克、硫酸钾20克、人畜粪尿3～4千克、腐熟厩肥5～6千克混合施入苗床，播种时种子间距3厘米左右，播后覆细土。

（3）移栽：当菊苣长到4片叶子左右进行移栽，选取生长健壮植株，每穴1株，株距50厘米，行距55～60厘米。

（4）田间管理：磷钾肥在整地时全部作为基肥与复合肥一起施入，复合肥用量150千克/公顷、磷肥用量为65～80千克/公顷、钾肥用量为60～80千克/公顷。春季返青期施用氮肥施氮量为90～120千克/公顷。4～5叶期注意定苗，苗期注意防除杂草，在菊苣分枝期叶面适当喷施多效唑。

（5）种子采收：当种子2/3成熟即可采收。

菊苣种子生产

# 莜麦青引 3 号种子生产技术

## 技术要点

（1）种植地块要求：选土质疏松、地势平坦、肥力中等、集中连片地块。连续 3 年未种植过燕麦的土壤，与其他燕麦田空间间隔距离 ≥ 200 米。

（2）播前准备：深秋翻 20～30 厘米，春浅耕 10 厘米，平整、耙糖，清除杂草。结合整地，施腐熟有机肥 2 000～3 000 千克 / 亩或施纯氮 3～6 千克 / 亩、五氧化二磷 4～6 千克 / 亩作基肥。

（3）播种：条播，行距 15～20 厘米，覆土 3～4 厘米后，耙糖、镇压。播种量 8～10 千克 / 亩。土壤 10 厘米解冻后播种。

（4）田间管理：分蘖期中耕除草，使用低毒、高效、无残留的除草剂清除阔叶杂草。分蘖期遇雨或结合灌溉每亩追施尿素 3～5 千克。病害以黄矮病为主，虫害以蚜虫为害为主。当病虫害发生时，应选用低毒、高效、无残留农药。及时除杂，苗期识别苗相、叶色等形态去杂；开花期结合穗形、株型、叶姿等去杂；成熟期根据植株高低、成熟度、穗形等性状去杂，发现异株的要连根拔除。

（5）种子收获、清选及贮藏：蜡熟期人工

或机械收获，后熟 3～5 天后脱粒；脱粒时单打、单收。晾晒干燥后，机械或人工清选，按照 DB63/T 708—2008《青海扁茎早熟禾种子清选技术规程》执行。种子质量按照 GB 6142—2008《禾本科草种子质量分级》执行。达到良种三级以上（净度≥90.0%，发芽率≥85.0%，水分≤12.0%）。种子检验合格后，原种贮存于 −5～5℃、相对湿度 46%～52% 的冷藏库中。良种贮藏于干净、通风、防潮、防鼠的仓库中。

青引 3 号种子田

青引 3 号花序

青引 3 号种子成熟期

青引 3 号种子

# 紫花苜蓿季节性栽培技术

## 技术要点

（1）秋收作物收获后施有机肥和磷肥，深翻，整地。

（2）开好田间排水沟，降低地下水位，防春季土壤渍水。

（3）选用秋眠级 5～7 级、植株高大的品种。

（4）9 月下旬至 10 月上旬播种，30 厘米行距条播或撒播。

（5）春季返青时和刈割后追施氮肥，氮施用量为 30～40 千克/公顷。

（6）现蕾时刈割，春季刈割 2～3 次。降低留茬高度。6 月上旬最后一次刈割。

## 适宜地区

长江下游农区。

## 注意事项

防田间积水和土壤渍水；基肥用腐熟有机肥，施磷肥 90～180 千克/公顷，但不用磷酸二铵等含氮高的复合肥。

紫花苜蓿种植田

# 盐碱地的苜蓿丰产栽培技术

## 技术要点

1. 不同播种时期对苜蓿建植的影响

（1）对出苗影响：6月15日播种的苜蓿出苗数最高，为156.7株/平方米，其次是7月20日播种，出苗数最低的是8月5日播种的苜蓿，为25.2株/平方米，仅为6月15日出苗数的16.1%。

（2）对株高影响：当年播种的苜蓿株高均低于20厘米。5月29日和7月1日播种的苜蓿在8月16日至9月1日期间生长速度最快，而6月15日播种的苜蓿在7月14日至7月30日期间生长速度最快。

2. 不同播种方式对苜蓿建植的影响

（1）对出苗数的影响：与对照相比，垄帮播种的苜蓿出苗数最高，达274.2株/平方米，垄台和垄底播种的苜蓿出苗数低于对照，其中，垄底播种的苜蓿出苗数最低为95.6株/平方米，仅为垄帮播种出苗数的34.9%。

（2）对株高的影响：与对照比较，垄帮播种的苜蓿株高，达25.7厘米，垄台苜蓿株高低于对照，为21.9厘米。垄帮和对照苜蓿在8月18日至9月4日期间生长速度最快，而垄台苜蓿在8月2—18日期间生长速度最快。

（3）对茎粗的影响：不同播种方式对苜蓿茎粗的影响较小，垄帮和对照苜蓿茎粗为1.50毫米，垄台略低于对照为1.40毫米。

3. 第一茬收获时间

当苜蓿株高在75厘米左右时，生长积温在577.16℃左右，此时苜蓿NDF（中性洗涤纤维）处在40%。根据当地气象资料，在黑龙江省6月12日左右是收获第一茬苜蓿的最佳刈割时间，收获的苜蓿的NDF约在40%，适宜调制高品质苜蓿干草。

# 适合中国中东部地区种植的
# 紫花苜蓿品种

## 技术要点

### 1. 中原地区适宜的当家品种

郑州地区主要当家品种为秋眠2级品种竞争者、秋眠3级品种苜蓿王、秋眠4级品种WL-323ML和胜利者、秋眠5级品种金钥匙；豫东主要当家品种为秋眠3级品种大富豪、秋眠4级品种皇冠；豫西山区主要当家品种为秋眠2级品种WL-232 HQ、秋眠3级品种WL-323 HQ、秋眠4级品种乐歌、秋眠6级品种WL-414；豫北沙区主要当家品种为秋眠4级品种WL-323、秋眠5级品种射手、秋眠8级品种四季旺；豫北主要当家品种为秋眠4级品种王后和亮苜400、秋眠6级品种WL-414、秋眠8级品种四季旺和WL-525；豫中当家品种为秋眠4级品种WL-323ML和牧歌401、秋眠6级品种WL-414；豫南所有苜蓿品种均因夏秋涝灾全部死亡，所以认定信阳地区为苜蓿不适宜种植区。

2. 黑龙江省推荐苜蓿品种

根据综合得分排序，按照极差法，可将20个苜蓿品种分为4个等级。第一等级2个，分别是草原1号、公农1号，总得分是3.638和3.446，建议优先推广应用。第二等级共6个，总得分为2.977～3.246，按排序依次为龙牧801、龙牧803、WL232 HQ、金皇后、BeZa87和公农2号，建议重点考察和选择推广应用。第三等级共7个品种，总得分为2.575～2.909，依次为全能、农菁1号、皇后2000、CW321、CW200、CW306和肇东苜蓿，可视为丰产性较好、稳产性较强的一般品种，可以根据不同区域生态特点、不同种植目的和利用方式，因地制宜推广应用。第五等级5个，总得分在2.575以下，属较差品种，依次是胜利者、朝阳苜蓿、多叶苜蓿、竞争者和金钥匙，建议慎重考虑推广应用。

3. 吉林省推荐苜蓿品种

供试苜蓿品种为WL343 HQ（美国）、先行者（加拿大）、惊喜（加拿大）。播种当年3个苜蓿品种出苗率都在90%以上，品种间无显著性差异，植株长势良好、均匀整齐。当年干草产量WL343 HQ最高，为2 218千克/公顷；其次为惊喜，2 146千克/公顷；先行者最低，为2 002千克/公顷。

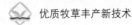

4.适合黄淮海地区盐碱地的苜蓿品种

参试品种在盐碱地进行种植，对其在当地的适应性、丰产性、抗逆性及营养品质等进行全面的鉴定，为苜蓿的推广应用提供理论依据。中苜3号、中苜2号和中苜1号这3个品种在试验年度表现较好，WL354 HQ、赛迪10（R01152-4）和农宝表现相对较差。

# 东北地区优质紫花苜蓿高效栽培技术

## 技术要点

### 1. 播种与施肥

3 年试验结果表明，条播行距 30 厘米、播量 12 千克/公顷、复合肥 150 千克/公顷和尿素 150 千克/公顷组合干草产量均优于其他组合，3 年干草平均产量达到 11 630 千克/公顷。

### 2. 灌　溉

灌水对当年播种的紫花苜蓿产量和生长高度有显著影响，灌水量在 20～60 毫米范围内，产草量随灌水量增加而提高，超过 60 毫米时随灌水量增加呈递减趋势。灌水量与苜蓿农艺性状之间的灰色关联分析表明，灌水对茎叶比影响最大，说明适时灌溉可提高苜蓿的叶量和产量。因此，在以收获鲜草为目的的苜蓿生产中，应进行适时灌溉。返青期＋分枝期＋第一次刈割后各灌溉 1 次处理产量最高。

### 3. 建植当年杂草防除技术

苗后喷施黑土宝、亨达伴虎、苜草净、普日特水剂处理对苜蓿草地杂草 15 天防治效果分别为

75%、73%、89.6% 和 59.4%；苗前喷施黑土宝和花收宝对新播种的苜蓿有药剂反应，表现在苜蓿出苗不均匀，出苗率不足 10%，幼苗长势与其他苗后喷施药剂无显著差异。

4. 不同刈割时期和刈割次数

在干草产量方面，1/10 花期 5 天后（6 月 10 日）刈割产量最高，并与 1/10 花期（6 月 5 日）刈割产量存在显著差异（$P < 0.05$），一年刈割 3 茬的干草产量显著高于刈割 2 茬的产量（$P < 0.05$）；试验区一年刈割 4 茬在实际生产中不可行。

# 紫花苜蓿测土施肥技术

## 技术要点

1. 土壤养分测试

（1）土壤测试指标：土壤有机质、pH 值、水解性氮、有效磷、速效钾。

（2）土壤采样时间及频率：种植前的土壤测试应在播前一个月进行。种植后定期进行的土壤测试，取样时间应在秋季停止生长后进行。土壤水解性氮需每年测试 1 次，pH 值、有机质、有效磷和速效钾 2~4 年测试 1 次。

（3）取样深度及方法：采取 0~30 厘米土层的混合样。

2. 土壤养分分级

将有机质、水解性氮、有效磷和速效钾划分为极缺、缺乏、足够和丰富 4 个级别，详见表 1。pH 值划分为分别为过酸（pH 值 < 6），适宜（pH 值为 6.0~8.0）和过碱（pH 值 > 8）3 个级别。

## 表 1　紫花苜蓿草地土壤养分诊断分级

| 诊断指标 | 分级指标 | | | |
| --- | --- | --- | --- | --- |
| | 极　缺 | 缺　乏 | 足　够 | 丰　富 |
| 有机质（%） | > 1.0 | 1.0～2.0 | 2.0～3.0 | ≥ 3.0 |
| 水解性氮（毫克/千克） | > 15 | 15～30 | 30～50 | ≥ 50 |
| 有效磷（毫克/千克） | 0～5 | 5～10 | 10～15 | ≥ 15 |
| 速效钾（毫克/千克） | 0～50 | 50～100 | 100～150 | ≥ 150 |

3. 推荐施肥量

（1）pH 值：土壤 pH 值诊断为过酸或者过碱时，需要进行土壤改良。过酸时推荐施用石灰改良，过碱时注重灌溉和排水管理，也可施用石膏粉改良。

（2）有机肥：有机质判断为缺乏时，推荐每公顷施有机肥 10.5 ～15 吨；有机质判断为极缺时，每公顷施有机肥 15 ～22.5 吨。

（3）矿物元素：以干草目标产量为 15 吨/公顷的推荐施肥量见表 2，目标产量不同时，推荐施肥量在此基础上做相应调整。商品肥料实际施用量可根据其所含有效成分进行换算。

**表2 目标产量15吨/公顷的紫花苜蓿草地推荐施肥量**

（单位：千克/公顷）

| 营养元素 | 极 缺 | 缺 乏 | 足 够 |
|---|---|---|---|
| 氮（N） | 30~45 | 15~30 | 不施 |
| 磷（$P_2O_5$） | 120~170 | 60~120 | 0~60 |
| 钾（$K_2O$） | 120~230 | 60~120 | 0~60 |

4. 施 肥

（1）有机肥：在整地时将有机肥抛撒到地表，随着耕地和耙地作业与土壤混匀。

（2）无机肥：氮肥在返青期和每次刈割后2~3周随喷灌施入，促进植株再生；磷肥肥效时间长，建议作为基肥施用；钾肥建议分期使用，早春和第二次刈割后各分配50%。

# 滴灌苜蓿水—硅肥耦合技术模式

## 技术要点

（1）施用方式：设置滴灌系统，每 10 天随水滴灌硅肥 1 次。

（2）施硅水平：有效硅（$SiO_2$）含量 105 克/平方米。

（3）产量效应：施用硅肥的苜蓿植株比不施用硅肥的植株，第一茬和第二茬叶面积平均增大 111.9% 和 70.2%，鲜干比平均增大 22.3% 和 22.0%，植株增高量平均增加 42.3% 和 19.9%，节间距平均增大 21.7% 和 37.9%，节间数平均增大 20.9% 和 46.5%。施用硅肥的苜蓿干草产量，第一茬为 1 235.1 克/平方米，第二茬为 1 033.9 克/平方米。施用硅肥的紫花苜蓿与不施硅肥相比，苜蓿干草叶质量第一茬平均为 490.3 克/平方米，第二茬平均为 405.6 克/平方米，相比对照分别增加了 61.9% 和 22.8%。当施硅肥量为 105 克/平方米时，干草叶质量最大，并且显著大于其他施硅植株。

# 东北寒冷干旱地区紫花苜蓿高产栽培关键技术

## 技术要点

### 1. 品种选择

因地制宜选用抗寒、抗旱、耐盐碱、优质高产、已通过国家或省级审定的苜蓿品种，如国审品种龙牧 801 苜蓿、龙牧 803 苜蓿、龙牧 806 苜蓿、龙牧 807 苜蓿、龙牧 808 苜蓿、肇东苜蓿等品种；国外品种可选用秋眠级 1~2 级的苜蓿品种，如驯鹿、金皇后、阿尔岗金等品种。但外引品种至少要在当地经过 3 年以上的适应性试验方可大面积种植。

### 2. 播　　种

春播和夏播均可。有灌溉条件、杂草少或土壤墒情好的地块宜春播；旱作可在雨季或雨后抢墒播种；夏播因气温高、降水多，苜蓿播种后出苗快，但杂草和病虫害多，要有防病虫害和除草措施；最晚播种应不迟于 7 月 20 日。

可采用条播或撒播，条播行距 15~30 厘米。

撒播应在平整土地后利用机械或人工将种子均匀地撒在土壤表面，耙磨覆土，镇压。条播和撒播量为 15～18.75 千克／公顷。盐碱地、撂荒地适当增加播量。

播种深度原则上宁浅勿深，以 1.0～2.0 厘米为宜。黏土地稍浅，沙土地稍深。播后及时镇压。

3. 田间管理

（1）杂草防除：可采用人工、机械、化学除草。大面积种植苜蓿，可用除草剂消灭杂草，效果较好。播种前可进行土壤处理，选用百草枯、普施特、嗪草酮等除草剂消灭杂草，然后翻耕、耙地；播后苗前，可选用地乐胺、普施特等苗前除草剂；苗后可选用咪草烟与苯达松或拿捕净与苯达松除草剂混用喷施，消灭杂草，用法与用量参照厂家说明。

（2）灌水：苗期 0～20 厘米 土层含水量低于田间持水量 70% 时须进行灌溉保苗。每次刈割后灌水。有条件的地区，入冬时灌一次封冻水，返青期灌 1 次水。

（3）施肥：土壤有机质大于 1.5% 时，可少施或不施有机肥。土壤有机质大于 1.5% 时，应施用有机肥，黏土和壤土每公顷施用 10.5～15.0 吨，沙壤土每公顷施用 15.0～22.5 吨。播种时施种肥磷酸二铵 150 ～225 千克 / 公顷，加钾肥 75 ～150 千克 / 公顷。每次刈割后进行追肥。一般施用尿素 150 ～225 千克 / 公顷，磷酸二铵 75 ～150 千克 / 公顷。

（4）病虫害防治：应注意及时防治田间病虫害，可采用生物、化学、机械、物理等措施防治。防治原则坚持"预防为主，综合防治"。根本防治应选择抗病虫害品种。使用化学药剂应执行 GB 4285—89《农药安全使用标准》。病害如黄萎病、白粉病、根腐病等，可选用多菌灵、粉锈宁、百菌清、代森锰锌、甲基托布津等防治；虫害如蚜虫、蓟马、草地螟等，可选用高效氯氰菊酯、乐果、抗蚜威等防治，用法与用量参照厂家说明。

4. 收获与贮藏

（1）刈割次数：当年早春播种可刈割 1 次。第二年后，每年可刈割 2～3 次。

（2）刈割时期：现蕾后期至初花期收割。收割前关注气象预测，须 5 日内无降水，以避免雨淋霉烂损失。最后一次刈割应在霜前 30～45 天。

（3）刈割方法：采用专用牧草压扁收割机收获。

（4）留茬高度：刈割留茬 5～8 厘米。越冬前最后一次刈割留茬 7～9 厘米。

（5）晾晒：晴好天气机械收割完毕，就地晾晒，24 小时后人工或机械翻晒 1～2 次，任其自然风干。

（6）打捆：在晴天阳光下晾晒 2～3 天后，苜蓿含水量在 18% 以下时，可在晚间或早晨进行打捆，以减少叶片的损失及破碎。

（7）贮藏：草捆打好后，应尽快将其运输到仓库或贮草棚码垛贮存。底层草捆不能与地面直接接触，以避免水浸。垛顶要用塑料布或防雨设施封严。

# 柱花草高产栽培技术

## 技术要点

### 1.地面处理

柱花草草地的建植，首先要进行地面处理。在进行地面处理时，对不同的地形，不同的植被和不同的土壤类型，应采用不同的处理方法。

（1）全垦法：适用于地形较平坦，灌木较多，土质坚硬，瘦瘠而黏重的地区。消除杂灌木（砍、挖），然后用机械或牛犁耙。若是建植放牧草地，常采用一犁一耙；若是建植豆科草粉生产基地，常采用二犁二耙，条件较好者、也可采用一犁二耙。犁翻深度为15～20厘米。

（2）半垦法：适用于地形较平坦、杂灌木稀少、以浅根型禾本科杂草为主的植被类型、土壤为沙土或沙壤土的地区。方法是在冬春干旱季节，先放火烧，然后在雨季来临，地面比较湿润，土壤较为疏松时耙地，一般根据地面的实际情况采用一耙或二耙。建植放牧草地时，可采用此法。

（3）化学除锈免耕法：适用于坡度大，地形复杂，植被以白茅等禾本科杂草为主的地区。方法是在白茅等禾本科杂草生长旺季，用草甘膦进行喷杀，每亩用 10%～15% 草甘膦原液 1.5 千克，加洗衣粉 0.1 千克，兑水 40～50 千克，充分摇匀后，于晴天喷洒。待杂草完全枯死后烧草，用锄头带状开浅沟或破土，然后将种子直接播下。

2. 播　种

（1）播种量：柱花草的播种量一般为每亩约 0.5～1.0 千克。

（2）种子处理：柱花草种子外壳坚硬，不易透水，在播种之前，必须进行种子处理，即将种子放入 80℃ 热水中浸泡 3～5 分钟，即捞起阴晾干后进行播种。

（3）接种根瘤菌：柱花草种植前需接种根瘤菌。播种前接种根瘤菌，不但可防止植物缺氮，促进牧草生长，提高牧草的产量和质量，并能改善土壤条件，提高土壤肥力。材料备用量为每 100 千克种子用羧甲基纤维素 1～2 千克，用根瘤菌剂 10 千克。

（4）播种期：海南省西南部地区，降水量低，气候较干旱，一般在 6—7 月雨季来临时播种为宜，中部地区可 5—6 月播种，东部地区则可常年播种。华南其他省区，根据降水量、雨季早晚，确定适宜的播种期。

（5）播种方法：① 撒播。即用人工或机械将种子均匀地撒在土填表面，一般不用盖土，但在干旱季节可轻耙覆土，或用滚筒滚压。每亩播种量0.5～1.0千克。② 条播。即每隔一定距离将种子成行播下，行距40～60厘米。每亩播种量0.5～1.0千克。③ 育苗移栽。备耕好苗圃地、除净杂草杂物后开沟起畦，畦宽80～100厘米，高15～20厘米，下足基肥，耙平畦面。每200～260平方米苗床（旱坡地苗圃宜用地200平方米，水田苗圃时宜用地260平方米）可播种子1.0千克。

（6）播种技术：柱花草种子细，如果不加入其他物质增大播种量，是极难播得均匀的。因此，播种时必须加入适量的细沙或干土粉，以保证播种均匀。

3.田间管理

柱花草种植因种植方式、利用形式不同，其栽培技术及田间管理要求亦不相同。

（1）查苗补苗：柱花草一般在播种后7～10天陆续出苗，播种后30天宜进行查苗补播工作，凡每平方米平均少于5～8株者，均需补播。若遇雨水较大，表土被冲，需将板结的土壤锄松后再行补播，以保证单位面积的苗数。

（2）施肥：播种后 1～1.5 个月，常有部分小苗长势差，并伴有黄化现象，这是因为土质较差所致，如遇这类情况，应趁雨天每亩施尿素 4～5千克，以补充幼苗生长所需的氮肥。一般年亩施过磷酸钙 15～30 千克，钾肥 10～15 千克。

（3）除杂：柱花草苗期生长较慢，与杂草竞争力弱，特别是在未覆盖之前，裸露地易滋生杂草。影响牧草的正常生长，故要及时除杂、除灌。对于杂灌木可用人工砍挖，对于禾本科杂草，除可用人工清除外，也可用除草剂灭杀。

（4）防止牲畜破坏：柱花草牛羊喜食，若在苗期被采食，植株的生长点常被吃掉，难于恢复生长，因此，柱花草刈割草地要防止牲畜采食和践踏。

（5）刈割管理：柱花草第一次刈割的时间，因土壤、气候、施肥等条件的不同而异，一般在播种后 6～7 个月，或移栽后 4～5 个月，草层高度达 90～100 厘米时进行第一次刈割。柱花草的最佳刈割高度是 25～30 厘米。

4. 草地的管理及更新

种植几年的柱花草草地，要测定土壤 pH 值的变化，如果土壤 pH 值低于 5.5 时，每亩宜施用石灰 30～40 千克，以中和土壤酸度，使之适于柱花草的生长。同时，由于刈割、管理、病虫为害、牲畜破坏、冬春干旱等原因，柱花草草地往往会出现大量缺株或成片无苗现象。如果出现这种情况，应在雨季来临时，结合除草、松土、施肥进行补种。草地的更新，也可采取通过8月底前停割，让其开花结籽，种子充分成熟落地，施入适量的过磷酸钙，使其自然更新的方法。

# 凉山光叶紫花苕生产技术

## 技术要点

（1）土壤选择：除了重黏土、极瘠薄砂土均生长良好，耐酸性土壤，耐含盐量低于 0.2% 盐碱土。

（2）土壤处理：在土地翻耕前半月选择天气晴朗时喷施符合国家规定的除草剂，喷施除草剂 1 周后，待杂草枯黄死亡后进行翻耕，深度 18～25 厘米，土地翻耕后施颗粒剂杀虫剂以便消除土壤中的害虫，施用厩肥 18 000～22 500 千克 / 公顷、过磷酸钙 150 千克 / 公顷作基肥，均匀撒在表面，打碎土块，耙平地面。干旱地区、沙土播种后应镇压土地，有灌溉条件的地区可在播前浇水，以保证播种时的墒情。若与玉米、水稻等实施穿林播种，在前作物收获前 15～30 天，应对土壤实施中耕除杂、排水等。

（3）种子选择和处理：播种种子应达到牧草种子质量分级标准三级标准以上。播种前晒种 2～3 天，首次种植的土壤应按规定使用适宜的根瘤菌拌种，拌菌裹磷（丸衣化）。

（4）播种：春播、秋播均可，以秋播为佳。

在海拔1 800米以下的地区宜在秋播（8月底前）；在海拔1 800～2 500米的地区宜在8月上中旬播种，在海拔2 500～3 200米的地区可在春、夏播种（5—8月）。条播、撒播均可，以撒播为主。条播行距为20～30厘米，条播适宜大面积机械播种。在2 500米以下地区可在收获玉米、水稻前实施穿林播种。播量视种植模式不同而不同。套作45～60千克/公顷，混作30～45千克/公顷，净作60～75千克/公顷。

（5）田间管理：实施穿林播种的，应在前作收获后尽快清除秸秆残茬。应及时开展杂草防除。追肥在冬前首次刈割后追施磷、钾肥，施用量150～225千克/公顷，磷钾比例为2：1。有灌溉条件的地方，刈割利用后或遇冬春干旱时视土壤墒情及时灌水。

（6）收获与利用：在海拔1 800米以下地区在8月底前播种，播种后90～100天可刈割利用1次，开春后可再刈割利用1～2次。在海拔1 800～2 500米的地区11月上中旬可刈割利用一次，开春后可再刈割利用1～2次。凉山光叶紫花苕是蔓生性植株，一般采用人工刈割收获方式。可青饲，也可调制干草。

## 适宜地区

适宜四川省凉山彝族自治州及相似区域。

**凉山光叶紫花苕种植**

# 云南光叶紫花苕高产栽培技术

## 技术要点

宜选用质地疏松肥沃，透气性好，并具有排灌条件的冬闲田植。有灌溉条件时，光叶紫花苕播种时间非常灵活，12月下旬以前任何时间播种均可，无灌溉时不得晚于10月上旬。单播或与小黑麦、蚕豆等混播均可。光叶紫花苕为深根系，整地时最好深耕。水稻收后，将稻田翻耕，翻耕后让地块晒1～2天，再打碎耙细，按1.5～2米的幅宽开墒播种，并在其周围开挖排水沟。每亩用钙镁磷肥20～40千克作基肥；条播，按幅宽1.5～2米起畦，行距20～30厘米；播种深度，4～5厘米，播后覆土并适度镇压；播后覆土1厘米并浇透水，以促进种子发芽和利于幼苗生长。苗期适时中耕除杂；根据土壤墒情适时灌溉。光叶紫花苕再生较差，再生草仅占全生期总产量的1/5～1/4，故适于生育后期一次性刈割利用。刈割时正值云南干季，因此调制干草是较理想的利用方式；青刈利用时，适口性好，营养价值高，可用作猪、鸡等单胃动物的青绿饲料；青刈饲喂反刍动物时，需注意家畜一次性采食过多易患胀气病，因此最好与其他粗饲料搭配使用。

### 适宜地区

云南省海拔小于 2 500 米的地区冬春季均可应用。

### 注意事项

（1）云南干湿季分明，冬春季旱地栽培时播种季节不得晚于每年 10 月上旬。

（2）用于与烤烟或其他经济作物轮作，以养地为主要目的时宜采用单播，以收获饲草为目的时，适宜与小黑麦或蚕豆混播。

光叶紫花苕与玉米轮作　　光叶紫花苕与烤烟轮作　　光叶紫花苕与小黑麦混播

# 燕麦饲草高产栽培技术

## 技术要点

（1）播前准备：选择前茬为非禾本科作物，忌连作。春翻，深20～25厘米，耙磨、平整。腐熟农家粪肥、秸秆堆肥2 000～3 000千克/亩或配合施尿素（N 46%）5～8千克/亩、磷酸二铵（N 18%，$P_2O_5$ 46%）8～17千克/亩，结合整地作为基肥施入。

**播前整地施肥**

（2）播种方式及播种量：单播或与箭筈豌豆混播。条播深3～4厘米，行距15～20厘米，播后耙糖覆土、镇压。①燕麦单播。皮燕麦单播量

13～18千克/亩;裸燕麦单播量10～14千克/亩。保苗数38万～40万株/亩。②燕麦与箭筈豌豆混播。皮燕麦播量10～12千克/亩或裸燕麦播量7～10千克/亩,箭筈豌豆播量3～5千克/亩。燕麦保苗数20万～25万株/亩,箭筈豌豆保苗数5.00万～8.33万株/亩。

机械条播

人工撒播

燕麦单播田

燕麦混播田

（3）播种期：土壤解冻10厘米，抢墒播种。一般东部农业区4月上中旬播种；环青海湖区、柴达木盆地及牧区4月下旬播种；青南地区5月上旬播种。

（4）田间管理：燕麦单播在分蘖期使用高效、低毒、无残留除草剂防除杂草。拔节期结合下雨天或浇头水施尿素3～5千克/亩作追肥；在孕穗和开花期的下午天气晴好时进行叶面喷洒喷施0.5%～1%的磷酸二氢钾溶液。有灌溉条件地区在分蘖期、抽穗期、开花期灌溉2～3次。锈病、红叶病、叶斑病和蚜虫发生时，选用高效、低毒、无残留的农药进行防治。

配制除草剂

杂草防治

（5）收获：采用机械或人工收割。调制青干草时，燕麦于乳熟期刈割。青刈分两茬，第一茬在燕麦拔节后期刈割，留茬高度6～8厘米，第二茬在燕麦停止生长后进行收割。

燕麦饲草人工收获

燕麦饲草机械收获

# 多花黑麦草高效施肥管理技术

## 技术要点

（1）整地：播种前精细整地，表层土壤土粒直径不宜超过 2 厘米。

（2）播种：播种期为 9—10 月，避开雨季。每亩的播种量为 1～2 千克，播种深度 1.0～1.5 厘米，可条播或撒播，条播时行距为 15～30 厘米，散播时注意适当增加播种量。

（3）施肥：整地前每亩施用 20～40 千克过磷酸钙，结合整地作业施入土壤，并混匀。播种时和出苗后 15～30 天每亩施用 5～7 千克尿素，此后每次刈割后 3 天，随着灌溉每亩补充 10～14 千克尿素。推荐施用下限时，多花黑麦草收获带出氮素和施入氮素平衡；推荐范围内，多花黑麦草产量随着氮肥施用量增加而提高；超过上限，多花黑麦草体内硝酸盐含量超标。

（4）田间管理：生长期要保持土壤湿润，苗期注意防除杂草为害。

（5）收获：多花黑麦草供草期为当年 12 月至次年 4 月，推荐刈割高度为 50～60 厘米，留茬高度3~5厘米。可作为青饲料、青贮或调制干草。鲜草产量可达8吨以上，干草产量1吨以上。此项技术适合长江以南紫色土种植区。

# 云南地区标准鸭茅栽培与利用技术

## 技术要点

（1）种植：土壤环境质量应符合 GB 15618—2009《土壤环境质量》的规定。选择地势较为平坦、排灌方便的水田或旱地。农田灌溉水应符合 GB 5084—2005《农田灌溉水质标准》的规定。翻耕前施入农家肥 15 000～30 000 千克/公顷，或过磷酸钙 450～750 千克/公顷作基肥。播种前应将地块深耕 20～30 厘米，精细重耙 2～3 遍并清除杂草，破碎土块。夏播宜在 5 月中旬雨季开始后进行，秋播宜在 8 月下旬至 9 月下旬进行。作刈割利用时宜单播，作放牧利用时宜混播。与鸭茅混播的常用草种有苜蓿、红三叶、白三叶、多年生黑麦草等。单播播种量为 20～30 千克/公顷。混播播种量应以单播播种量为基础，根据混播比例进行计算。

（2）田间管理：苗期应及时清除杂草。每次刈割后应结合灌溉追施氮肥 37.5 千克/公顷。出现锈病、叶斑病、条纹病病害时，应在病害蔓延前刈割。感病期间，应清除田间病株残体和杂草，控制发病。出现蝗虫、黏虫、蛴螬、蚜虫、蓟马、夜蛾虫害时，应利用农业、生物和物理机械防治等方法进行综合防治。慎用药物防治，需施用农药的，应符合 GB 4285—89《农药安全使用标准》和 GB/T 8321—2000《农药合理使用准则》的规定。有条件的地区每年入冬前可进行冬灌，以利植株越冬。冷凉地区应结合当地气象资料，查询当地历年平均温时间，应在平均气温低于 6℃前 15 天停止割草使其越冬。土壤相对湿度低于 50％时，应在种子发芽、幼苗生长期及每次刈割后沿畦沟漫灌或喷灌 1 次。灌溉水质应符合 GB 5084—2005《农田灌溉水质标准》的规定。

（3）利用：夏播当年可在孕穗前刈割利用一次。以后每年可刈割 4～6 次，再生草草层高度高于 40 厘米时开始刈割。留茬高度以 2～5 厘米为宜。适宜牛、马、羊放牧利用。以拔节中、后期至孕穗期放牧为宜。放牧地最好与豆科牧草混播。青饲应在孕穗至抽穗期刈割后使用。应在开花期刈割，当青草含水量降至 65％～70％时，将牧草切碎装入窖中进行青贮。青干草应在孕穗期至开花期刈割，就地摊成薄层晾晒 24～48 小时后放入风干房或通风的饲草库木架、铁丝架上晾晒。或直接在田间初步晾晒后用机械脱水，待含水量降至 18 % 以下打捆贮藏。制成的青干草可直接饲喂家畜或作为商品出售，也可加工为草粉或颗粒饲料。

## 适宜地区

适宜在海拔 1 000 ～2 600 米范围内种植。

## 注意事项

（1）应选择适应性强、高产、优质、抗逆性、抗病虫性好，以及其生长季节能满足利用要求的鸭茅品种。在云南地区种植可选择的鸭茅品种有波特（Porte）、娜塔（Donata）、草地瓦纳（Grasslands Wana）。

（2）外引品种应通过 GB/T 2930《牧草种子检验规程》检验，并通过 NY/T 1091—2006《草品种审定技术规程》审定。

（3）大田生产所用品种应通过品种审定，种子质量达到 GB 6142—2008《禾本科草种子质量分级》种子质量分级的第二级。

（4）除沙土、砾土以外的各种土壤都能生长，以微酸性、湿润肥沃的黏壤土、壤土、沙壤土为宜。略能耐酸，不耐盐碱。最适宜土壤 pH 值为 5.8～6.8。

鸭茅栽培试验

# 杂交狼尾草栽培技术

## 技术要点

（1）种源要求与生产年限：杂交狼尾草可以采用种子直播与种茎繁殖两种方法进行田间生产，利用种子直播的以原种进行种植，利用种茎繁殖的要扦插、扩繁、移栽，也可直接扦插于大田，为了减少杂交狼尾草种植过程中产生变异，种茎的最高繁殖代数 3 代。

（2）光温水条件：杂交狼尾草适宜在温暖湿润的气候生长，适宜在年降水量 ≥ 900 毫米 的地区种植。日平均气温达到 15℃时开始生长，最适宜的生长气温是 25～35℃，气温低于 10℃时生长明显受抑。

（3）整畦：种植前 7～10 天应对种植区的土壤进行深翻，深翻时要及时去除杂草，如使用化学除草剂，应注意除草剂的室全性和安全间隔期。深翻时均匀撒入基肥的 2/3，同时掺入杀虫剂防治地下害虫，深翻深度 25～35 厘米 。杂交狼尾草具有发达的根系，宜选土层深厚、排水良好的土壤为宜。畦宽 120 ～150 厘米 ，沟宽 25 ～30 厘米为宜。

（4）播种：可剪取上一年老熟茎秆作为种茎，每2～3个节切成一段。当低温在12℃以上时即可种植。杂交狼尾草以扦插为主。种植规格为40厘米×60厘米或50厘米×50厘米，种植密度以49 500～60 000株/公顷为宜。

（5）田间管理：杂交狼尾草需水量大，但也怕涝，单块种植面积≥1公顷，应挖四周的环沟，防积水，宽度60～80厘米，深度50～100厘米，遇干旱及时浇水。种茎扦插后由于生根发芽的过程中会杂草丛生，因此，在封行前要进行1～2次的杂草清除。杂交狼尾草极少有病虫害发生，偶见松毛虫和蚜虫危害。

（6）施肥管理：结合整地时施足有机肥，可施腐熟的厩肥20 000～30 000千克/公顷，或者施用复合肥料400～600千克/公顷；红黄壤土壤往往缺磷，应适量施用钙镁磷肥（含$P_2O_5$≥12%），施用量450千克/公顷。每刈割一次追施225千克/公顷的氮肥。

（7）越冬措施：杂交狼尾草不耐寒，在闽东、闽北及海拔500米以上的地区种植，霜前20天齐地刈割地上部分，同时将地下部覆土后盖上地膜，也可将种茎和种蔸集中放至温室或地窖越冬保种。

翌年春天当气温回升时，将地膜掀开或将种茎和种蔸再植入大田。

（8）刈割利用：根据不同饲养对象和牧草加工方法适时刈割后青饲或青贮。用于青饲牛、羊时，株高为 1.5 米左右刈割为宜；用于青贮时，株高为 2.0 米左右刈割为宜；饲喂兔、鱼、鹅等，可在株高 0.8～1.0 米时刈割。

狼尾草草地　　　　　　牧草收获

# 林下菊苣种植丰产技术

## 技术要点

（1）土地整理：菊苣种子细小，需要对土地精细整理。距树盘 0.5～1 米，土壤深翻，有条件可结合翻地施入有机肥做基肥，施入量 1～3 吨/亩。

（2）播种方法：春播或秋播。菊苣品种可选用将军菊苣或普那菊苣。条播或撒播，条播播量为 1.00～1.25 千克/亩，行距 30 厘米，播深 0.5～1.0 厘米；撒播播量较条播增加 20%～30% 播种量，撒播后用耙子等工具将种子和土壤混合；播后镇压，及时浇透水，在菊苣出苗前要保持土表湿润。

（3）杂草防除：菊苣苗期生长缓慢，在封垄前要进行 1～3 次的清理杂草工作。在林地果园实施菊苣秋播，可有效减少杂草防除的工作量。

（4）水肥管理：在施足基肥的情况下，可在返青后和每次刈割利用后追施氮肥 10～15 千克/亩，并及时灌水。

（5）刈割技术：菊苣草地生长到30～40厘米高时，可以进行第一次刈割，留茬高度为5厘米左右，之后，每隔3～4周刈割一次，宜在晴天刈割，严禁雨天刈割；最后一次刈割时间应在初霜前一个月，留茬要稍高一些，利于菊苣草地越冬返青。

### 注意事项

菊苣草地不耐淹，地面不能积水。根据当地实际情况，注重田间排水及排水设施的建设。

播前土地机械耕作

林间菊苣人工草地

# 林下菊苣与紫花苜蓿混播丰产技术

## 技术要点

（1）土地整理：土地需精细整理，清理地面石块、树枝等杂物，距树盘 0.50～1.00 米，土壤深翻耕，并施入熟化有机肥 1～3 吨/亩作基肥，并磨碎土块和整平土表，并适当镇压。

（2）播种方法：春播或秋播。一般秋播为宜，秋播宜在 8 月上中旬进行。可选用将军菊苣、普纳菊苣品种；根据当地气候条件选择适宜的紫花苜蓿品种。条播，菊苣和紫花苜蓿播种量比例为1：1，播量为 1～1.5 千克/亩，行距 30 厘米，播深 0.5～1.0 厘米；如人工播种，可将种子与细沙混合后播种，机播则不用，播后镇压和浇透水。

（3）杂草防除：菊苣和紫花苜蓿生长的苗期，人工除草 1～3 次。

（4）水肥管理：在施足基肥的情况下，苗期需施入一定量氮肥，生长到第二年则不需要追施大量氮肥，需追施复合肥或磷钾肥。混播草地苗期要保持地表湿润利于出苗，次年返青和每次刈割后要灌水，灌水量为 30～40 立方米/亩。

（5）刈割技术：混播草地生长到30～40厘米高时，开始第一次刈割，留茬高度为5～8厘米，再生草每隔4周左右刈割一次，最后一次刈割时间应在初霜前1个月，留茬要高一些，利于混播草地越冬返青。

## 注意事项

菊苣和苜蓿均怕地面长期积水，如田间积水，应及时排水或建立排水设施。

**林间菊苣与紫花苜蓿混播草地**

# 林下鸭茅与紫花苜蓿混播丰产技术

## 技术要点

（1）土地整理：需清理地面石块、树枝等杂物，精细整地。距树盘 0.5～1.0 米，进行土壤深翻，并施入有机肥 1～2 吨 / 亩作基肥，耙糖、镇压，保证土地平整、细碎。

（2）播种方法：春播或秋播。秋播最好，宜在 8 月上中旬进行。鸭茅品种可选安巴、楷模等，紫花苜蓿品种应选择适宜当地自然和生产条件的品种。条播播量为 1.5～2.0 千克 / 亩，鸭茅与紫花苜蓿播种量比例为 3：1，行距 30 厘米，播深1.0 厘米左右。条播时，由于种子大小、比重不同，可分别将鸭茅和紫花苜蓿种子播入沟中，也可以利用间行条播，将鸭茅和紫花苜蓿间行播种，播后及时镇压和浇透水。

（3）杂草防除：鸭茅与紫花苜蓿的苗期生长缓慢，采用人工除杂的方法清除田间杂草。

（4）水肥管理：每次刈割后以及越冬前、返青后要及时灌水，灌水量达到田间持水量的70%～80%。苗期需施氮肥或氮磷钾复合肥。当紫花苜蓿占30%以上时不需要追施氮肥，在低于30%时可追施氮肥，施肥量100千克/公顷，每次刈割后需施肥和灌水作业，可获得高产优质。

（5）刈割技术：鸭茅与紫花苜蓿混播草地，当紫花苜蓿处于现蕾期即可刈割，留茬高度8厘米左右，之后生草草地每隔4～5周可刈割收获一次，最后一次刈割时间应在初霜前一个月，留茬高度10厘米以上，利于混播草地安全越冬返青。

**林间鸭茅与紫花苜蓿混播草地**

# 燕麦与箭筈豌豆混播技术

## 技术要点

1. 播期准备：播前深翻 20~25 厘米。每公顷施农家肥 30~45 立方米/公顷作基肥或施 75.0~97.5 千克/公顷的磷酸二铵作种肥（N 18%，$P_2O_5$ 46%）。

2. 播种方式：条播或撒播。条播行距 15~20 厘米，播后耙糖覆土，播种深度 3~4 厘米。燕麦与豆科饲草混播比例以实际单播量 6∶4 为宜，即燕麦每公顷保苗数 300 万~375 万株，豆科饲草每公顷 75 万~150 万株。

3. 田间管理：在燕麦分蘖或拔节期结合灌溉或降水，追施氮肥（N 46%）75~150 千克/公顷。燕麦分蘖期可人工除草一次，禾豆混播饲草禁用 2,4-D 丁酯。复种及复收区，头茬草刈割后应追施氮肥（N 46%）75~150 千克/公顷。

禾豆混播分蘖期　　　　禾豆混播花期

# 苜蓿与冬小麦 + 夏玉米的轮作技术

## 技术要点

1.黄淮海地区的苜蓿—冬小麦—夏玉米轮作技术

苜蓿利用 5 年后轮作 2 年的小麦玉米，其 7 年的总收益要远远高于 7 年的连作苜蓿和小麦 / 玉米种植模式。轮作第一年土壤养分消耗最多、土壤耕层水分恢复最明显，第三年苜蓿种植积累的土壤养分基本被消耗殆尽，土壤水分恢复效果也不明显。因此，根据土壤养分及水分变化规律，确定苜蓿和小麦 / 玉米轮作周期以 2 年最佳。

2.东北地区的苜蓿与玉米间作技术

（1）与均匀垄种植相比，玉米宽窄行种植改善了光照强度及透光率，株高和叶面积指数均提高，籽粒产量和单位面积产值提高 6.8%。

（2）与单作相比，玉米 / 苜蓿间作在时间和空间上优化了光资源利用，群体效益提高。在玉米宽行间作 1 行苜蓿中，玉米籽粒产量显著降低 35.1%，苜蓿总干草产量显著提高 235.6%，单位面积总产量和总产值分别比宽窄行单作玉米提高

1.7%和4.4%，比单作苜蓿分别显著提高52.2%和48.4%，土地当量比（LER）为1.28；在玉米宽行间作2行苜蓿中，玉米籽粒产量降低41.4%，苜蓿总干草产量提高99.0%，单位面积总产量和总产值分别比宽窄行单作玉米降低7.0%和3.7%，比单作苜蓿分别显著提高39.1%和36.7%，LER为1.24。因此，玉米/苜蓿间作具有明显的间作优势，在我国东北农牧交错区具有广阔发展前景，而且最优模式为玉米宽行间作1行苜蓿。

# 西北地区紫花苜蓿—糜子套种技术

## 技术要点

（1）播种处理：播前每亩施 15～25 千克磷肥、5～10 千克钾肥或有机肥，有利于根瘤形成。

（2）播种量和时间：5 月中旬，将糜子和苜蓿种子按照各每亩 1.5 千克进行混合播种。糜子播深 5～7 厘米，紫花苜蓿播深 2～3 厘米。播后立即耙糖保墒。严重干旱时，可采用干种寄籽等雨的方法播种。

（3）田间管理：刈割和返青前要以磷肥、钾肥为主，结合施少量氮肥及时追肥。紫花苜蓿需水量大，要及时灌溉。可喷施 50% 多菌灵粉剂或甲基托布津防控菌核病和霜霉病等。

（4）收获：适时收割能获得较高的产量和优质的饲料，刈割宜在糜子孕穗期完成，同时收获紫花苜蓿和糜子。翌年按照正常的刈割制度刈割紫花苜蓿。

紫花苜蓿—糜子混播

# 干热河谷区果草间作技术模式

## 技术要点

1. 种植物种的选择

经济林果以芒果、荔枝、龙眼等为主。果园间种草的牧草主要以豆科牧草柱花草、提那罗爪哇大豆、紫花苜蓿、圆叶决明等为主。

2. 种植地选择与平整

（1）土地选择：在 pH 值 5～8 范围，以 pH 值 5～6 最好。选择土层深、排灌方便的地块。

（2）土地平整：间种地提前在种植前一年，雨季结束后 10—12 月准备。种植当年离果树 150～200 厘米，在果树行间深耕土 25～30 厘米，施农家肥 7 500～15 000 千克/公顷和过磷酸钙肥 250～400 千克/公顷。

（3）种植穴（沟）准备：沿种植地块等高线开成 70 厘米宽的条带状平地，条带中心间距 600～800 厘米作为行距，按株距 500～600 厘米挖长、宽、深按 100 厘米×100 厘米×100 厘米或 140 厘米×70 厘米×100 厘米的果树种植穴，0～40 厘米表土层堆放上方，40～100 厘米心土层堆放两侧及下方，每穴施 100～150 千克，并混施少量磷肥（1 千克）和饼肥（4 千克），分层施入或与土壤拌匀；第二年的 2 月以后，每穴施农家肥 50 千克和 3 千克过磷酸钙肥，或用 30～40 千克厩粪和 3 千克过磷酸钙肥，拌土分层回填，表土回在下层，农家肥和磷肥回填中下层，有机厩粪回填中上层，回填后做好蓄水圈，迎坡上沿开口以拦截顺坡而下的径流水，待雨水浸沉后定植；在果树行距间，离果树 150 厘米或 200 厘米按株行距 50 厘米挖 15 厘米×15 厘米×15 厘米的牧草种植穴（沟）。

3. 建　植

（1）建植时间：在地温达 10℃、气温达 15℃时即可进行建植（即每年 4—9 月均可，以 6—8月较好）。

（2）育苗：①果树育苗。在间种前 1 年袋装育苗，于每年的 4—5 月育苗，营养袋装育苗，根系穿袋应换袋，至第二年雨季 6—8 月移植。②柱花草育苗。在种植当年的 4—5 月将种子均匀撒播在苗床上，播种后覆土或农家肥深 0.5～1 厘米，再用稻草覆盖墒面，浇透水，单苗高 15 厘米即可移栽。柱花草种子处理：将称取足够的种子倒入桶中，往桶中加入 80℃左右的热水，浸泡种子

3～5 分钟，倒去热水后将种子放在阴凉处晾干。用 0.1%～0.2% 的多菌灵或托布津等药液浸泡经硬实处理后的种子 10～15 分钟便可有效杀死种子携带的炭疽病菌。

（3）栽植：①栽植方式。主要有育苗移栽、种子直播二种。不论采用哪种方式，栽后应立即浇定根水，注意保持土壤的湿度。②育苗移栽。刈割利用或改良土壤种植株行距 50 厘米×50 厘米，种子生产种植株行距为 50 厘米×100 厘米，每塘定植 2～3 株。③种子直播。雨季，播种前离果树 1.5～2.0 厘米，以株行距 40 厘米（或 50 厘米）挖穴，播种量 3～3.5 千克/公顷；或以行距 40 厘米（或 60 厘米）条播，用种量 2～3 千克/公顷。播种后覆土或农家肥深 0.5～1 厘米 左右，再用稻草覆盖墙面，浇透水。

4. 田间管理

（1）杂草防除。定植 20～40 天后进行补苗和除草，清理塘边的杂草，将塘边或其他地方的小杂草覆盖在已定植的果树周围；以后每年 7—10 月清理果树塘边和柱花草墙面的杂草。

（2）追肥：①果树追肥。定植 20～30 天后进行追肥，所述的追肥是在距果树苗 7～10 厘米 的周围开 10～15 厘米深的小沟施入追肥，追

肥 由 $N : P_2O_5 : K_2O=11 : 4 : 13$ 的 28% 复合肥和 46.4% 尿素，其复合肥：尿素为 1：1 组成，每塘追肥施入量为 0.03～0.04 千克。第二年 7—8 月，对果树进行扩塘、弧形沟追肥，弧形沟位于底水线内侧 50～100 厘米吸收根富集区，沟长为周长的 1/3，深 40 厘米，宽 30 厘米，非投产树施肥量为 46.4% 尿素 0.1～0.2 千克和 $N : P_2O_5 : K_2O=11 : 4 : 13$ 的 28% 复合肥 0.2 千克；投产树为 46.4% 尿素 0.3～0.4 千克和 $N : P_2O_5 : K_2O=11 : 4 : 13$ 的 28% 复合肥 0.6 千克。②柱花草追肥。在距柱花草苗 5～10 厘米的周围挖 5～10 厘米深的塘；第二年柱花草每刈割一次追肥一次，在柱花草苗 5～10 厘米的周围挖 5～10 厘米深的塘，施入追肥，追肥为 46.4% 尿素，每塘追肥施入量为 5～10 克。

（3）灌溉：在旱季对果树和柱花草样地人工灌溉 2～3 次。

5. 果树整形修剪

果树定植第二年的 1—3 月，剪除果树 50 厘米以下弱枝，第三年的 1—3 月确定主干 1～3 枝；成龄树根据树体采取单干、双干型为主，分枝高度为 100～200 厘米。

6.病虫害防治

为害龙眼病害以霜疫霉病为主；为害罗望子病害以白粉病为重；为害芒果病害以白粉病、炭疽病、流胶病为主；为害龙眼果实的食果蝙蝠以棕果蝠为主，为害罗望子虫害主要是蓝绿象、绿色金龟子；为害柱花草的虫害主要是蓟马、芽虫和螟虫；为害芒果的虫害以夜蛾、天牛、小实蝇为主。可根据 GB 4285—1989《农药安全使用标准》科学合理用药。高温多雨天气（4—10月）防治炭疽病（针对柱花草）发生，高温干旱季节（如10—11月花期）防治蚜虫为害，也可通过合理施肥、灌水及刈割利用，防止病虫的蔓延。

7.收获利用

幼龄果园种植牧草应刈割利用，在刈割饲喂牲畜中，牧草种植第一年当牧草苗高60~80厘米（提那罗新诺顿豆80~100厘米）时刈割，留茬高20~30厘米；第二年当牧草苗高60~80厘米（提那罗新诺顿豆80~120厘米）时刈割，留茬高20~30厘米；刈割的牧草青草配合禾本科牧草直接饲喂牲畜，也可以青贮、调制干草或生产草粉，在旱季缺乏饲草时精料和青草时与谷草等配合饲喂。也可以作为种子采收。

## 适宜地区

干热河谷区。

## 注意事项

（1）豆科牧草种植与果树苑部应有50厘米左右的间距。

（2）重视牧草刈割饲喂和翻压绿肥利用。

芒果间作柱花草

芒果间作爪哇大豆

# 中科羊草盐碱地改良模式

## 技术要点

（1）土壤 pH 值 7～9，土壤含盐量 8‰以内。

（2）春季整地，深度 20～60 厘米。夏季播种，每亩播种量 1～2 千克，行距 25～60 厘米，播深 1～2 厘米。播种后至羊草幼苗三叶期，土壤水分含量控制在 70%左右。地块周边设排水沟。

（3）排盐：播种前期大水漫灌，顺排水沟排盐碱，降低土壤盐度和 pH 值。

（4）施肥：播种第一年不需要施肥，第二年开始羊草拔节期、盛花期施 30 千克/亩的复合肥，羊草收获后施 15 千克/亩氮肥，促进第二茬草的营养生长。

（5）控制杂草：羊草播种当年注意控制杂草，特别是苗期，因为浇水后杂草容易生长，而羊草幼苗地上部分生长缓慢，容易被杂草遮光，抑制羊草营养生长。

盐碱地当年羊草长势

中科羊草在酒泉市第二年长势

# 中科羊草荒漠化土地治理模式

## 技术要点

（1）春季整地，深度不低于20厘米。耕地时施腐熟农家肥1吨/亩。羊草拔节期、盛花期施30千克/亩的复合肥，羊草收获后施15千克/亩氮肥，促进二茬草的营养生长。

（2）播种技术：每亩播种量1.5～2千克，行距40～60厘米，播深2～3厘米。播种后至羊草幼苗三叶期，土壤水分含量控制在70%左右。

（3）播种时期选择：春季—夏季播种均可，荒漠化土地表层土壤不紧实，容易受大风影响，羊草苗期如遇大风天气容易被砂粒损伤，保苗困难。因此播种时期应避开当地大风高发天气。

（4）灌水技术：荒漠化土地表层砂粒较多，夏季高温天气地表温度上升快，极易造成烫伤。因此播种避开高温天气，同时注意补水，保证表层土壤湿度，降低危害。必要时混播豆科作物，减少大风、高温的危害。

### 注意事项

春季播种注意防风沙，注意控制杂草；夏季播种注意降低太阳辐射，降低地表温度。

### 技术效果

播种后 20 天出苗，幼苗成活率 70% 左右。第二年返青率达 85%，羊草株高 80 厘米，抽穗率 30%，盖度 75%。从一定程度上减轻土壤风蚀，涵养水源，改变当地小气候。

荒漠化土地播种当年
出苗情况

荒漠化土地第二年
羊草长势

# 中科羊草退化草地改良模式

## 技术要点

（1）春季整地，深度小于20厘米；退化草地土层大部分较薄，一般在15～20厘米，下面多为钙积层或沙土层，因此翻耕适合避免翻出下层土壤。

（2）播种时期：春季—夏季播种均可，避开高温、大风天气，防止表层土壤风蚀。每亩播种量1～2千克，行距40～60厘米，播深2～3厘米。播种后至羊草幼苗三叶期，土壤水分含量控制在70%左右。

（3）施肥：播种时配合耕地施腐熟农家肥1吨/亩，增加土壤有机质，苗期做好补水工作，避免幼苗干旱。羊草拔节期、盛花期施30千克/亩的复合肥，羊草收获后施15千克/亩氮肥，促进二茬草的营养生长。

## 注意事项

春季播种注意控制杂草。草地翻耕次数不宜过多，多年生羊草播种后可多年收益。

## 技术效果

中科羊草在高纬度、高海拔的退化草原种植，可顺利越冬。中科羊草种植第三年盖度95%，杂草比例小于3%，株高110厘米。

退化草地中科羊草出苗情况　退化草地第二年羊草长势

# 中科羊草林间种植模式

## 技术要点

（1）播期：播期较长，春季—秋季均可，林地间空地受大风天气影响较小，且林木具有遮阴效果。

（2）播种量：每亩播种量1～1.5千克，行距40～60厘米，播深1～2厘米。播种后至羊草幼苗三叶期，土壤水分含量控制在70%左右。

（3）施肥：羊草拔节期、盛花期施40千克/亩的复合肥，羊草收获后施20千克/亩氮肥，促进第二茬草的营养生长。施肥量适当提高，因为周边林木吸收部分养分。

（4）灌水：林地苗期灌水量加大，保证土壤湿度70%左右，以喷灌为宜。林地空气湿度较大，因此注意防控病虫害。

## 注意事项

春季播种注意控制杂草，夏季播种防止干旱。

2016 年 6 月中科羊草"林草间作模式"观摩会（北京）

# 第三章
# 多元化草产品加工技术

# 紫花苜蓿干草防霉技术

## 原料配方

（1）原料：苜蓿鲜草，最佳刈割期在现蕾期到初花期。

（2）配方：新型复合防霉剂由 3 种植物抑菌成分、两种有机酸盐以及吸水基质复合。具体配方为杜仲提取物 15%～25%、大蒜素 15%～25%、肉桂粉 25%～30%、山梨酸钾 1%～2%、双乙酸钠 4%～6%、蒙脱石 25%～30%。

## 生产流程

前处理—刈割—压扁—干燥晒制—添加防霉剂—打捆

## 技术要点

干草防霉剂在干草中添加量为 3 千克 / 吨。先按照配方中比例配制防霉剂，在苜蓿水分达到标准后均匀添加防霉剂，之后利用打捆机进行打捆。在干草调制过程中，由于刈割、翻草、搬运、堆垛等一系列手工和机械操作过程中要对叶片加以保护。

苜蓿干草捆　　　利用防腐剂处理后的苜蓿草捆

# 紫花苜蓿低损耗收获与干草调制技术

## 技术要点

（1）前处理：紫花苜蓿收割前，将助干剂溶液喷洒到紫花苜蓿上，每吨紫花苜蓿的喷洒量为10～15升，助干剂溶液浓度为2%～5%（重量百分比）。

（2）刈割：紫花苜蓿在现蕾期至初花期开始第一次刈割，以后每隔35～45天刈割一次，刈割留茬4～5厘米；霜冻前20～30天进行最后一次刈割，刈割留茬8～10厘米。

（3）压扁：紫花苜蓿刈割后，对刈割后的紫花苜蓿进行茎秆压裂，得到茎秆压裂后的紫花苜蓿。

（4）摊晒：将步骤（3）制得的茎秆压裂后的紫花苜蓿直接摊晒于田间，紫花苜蓿按行摆放，每行厚度10～30厘米、宽度1～2米，相邻两行的间距为3～5米。

（5）翻晒：当紫花苜蓿含水量降至35%～40%（重量百分比）时，进行翻晒，翻晒后继续摊晒紫花苜蓿至含水量20%～25%（重量百分比），待捡拾紫花苜蓿。

（6）捡拾：将步骤（5）制得的待捡拾紫花苜蓿摊晒 2～3 天，翻晒 1～2 次后，紫花苜蓿含水量降至 20%（重量百分比）以下时，进行捡拾。

通过以上优化干草调制工艺，改雨季前收割一茬为雨季前收割二茬，实现每亩干草产量增加 43.16%，干草粗蛋白含量提高 6 个百分点，纯收益增加 257.48 元/亩，详见下表。

**表 干草调制工艺改进**

| 项 目 | 干草调制工艺 | |
| --- | --- | --- |
| | 添加剂 T2 | 添加剂 T1 |
| 工艺改进 | 雨季前收割一茬 | 雨季前收割二茬 |
| 刈割时间 | 5 月 23 日 | 5 月 4 日、6 月 10 日 |
| 刈割时期 | 盛花期 | 现蕾期 |
| 压扁 | 无压扁 | 压扁 |
| 翻晒时间及方式 | 摊晒 2～3 天后翻晒一次、中午翻晒集行 | 含水量 > 40% 翻晒、上午刈割、当天傍晚翻晒 |
| 打捆时间 | 第三天或第四天下午打捆 | 第二天下午打捆 |

| 项　目 | 干草调制工艺 | |
| --- | --- | --- |
| | 添加剂 T2 | 添加剂 T1 |
| 草捆含水量（%） | 25.02 | 18.57 |
| 粗蛋白含量（%） | 13.80 | 19.66 |
| 干草产量（千克/亩） | 312.66 | 447.6（两茬合计） |
| 纯收益（元/亩） | 237.72 | 495.2（两茬合计） |

# 黄淮海地区紫花苜蓿干草捆加工技术

## 技术要点

### 1. 干草调制

（1）刈割：紫花苜蓿春播或夏播第一年可刈割 1~2 次，秋播第一年不刈割。次年以后每年可刈割 4~5 次，5 月上旬开始第一次刈割，以后每隔 30~40 天刈割一次，留茬高度 4~5 厘米。见开花后且预测未来 3 天以上晴天方可开始刈割。

（2）自然干燥：紫花苜蓿使用刈割压扁机刈割后就地摊晒，利用日晒和风力开始自然干燥，自然干燥过程中可使用搂草翻晒机翻晒 1~2 次，翻晒宜在 9:00 以前或 17:00 以后进行。当苜蓿含水量降至 35% 左右时，进行第一次翻晒。翻晒后集成草条，草条厚度 30 厘米以下，宽度 1 米，风干至含水量 20% 以下。

### 2. 干草捆生产

（1）低密度打捆

紫花苜蓿干草含水量在 20% 以下时，使用捡拾打捆机进行低密度草捆的打捆作业。打捆宜在 9:00 以前或 17:00 以后进行，以减少叶片的损失及破碎。在打捆过程中，不能将田间的土颗粒、杂草和腐草打进草捆里。

（2）高密度打捆：当低密度草捆在草棚晾干至水分含量达 15% 以下时，可采用二次加压设备将其压成高密度草捆，以便于远距离运输。

（3）干草捆贮运：干草捆的贮存必须符合分类、分级储存的要求，严禁与有毒物品一起存放。低密度草捆应尽快运输到专用草库码垛贮存，码垛时草捆之间要留有通风间隙不小于 10 厘米，底层草捆不能与地面直接接触，垛顶应与草库顶保持不小于 1 米的距离。

露天草垛的垛顶要用塑料布或防雨设施封严，垛的四周挖排水沟，露天码垛时不宜超过 20 层草捆。

（4）干草捆检验与分级：①干草捆抽样检验时的抽样方法应符合 GB/T 14699.1—2005《饲料 采样》要求。②干草捆卫生标准应符合 GB 13078—2001《饲料卫生标准》的规定。③干草捆质量分级按照 NY/T 1170—2006《苜蓿干草捆质量》的规定执行。④干草捆标签应符合 GB 10648—2013《饲料标签》的规定。

# 东北地区苜蓿干草捆加工技术

## 技术要点

（1）适时刈割：苜蓿的刈割时期对苜蓿干草的品质和产量有重要影响。苜蓿的适时收获时期在初花期开始刈割，此时收获能保证苜蓿草产品的质量及产量。6月上旬可以刈割第一茬。为了使苜蓿安全越冬，保证冬季和第二年春天苜蓿生长旺盛，秋天最后一茬刈割应视品种的耐寒程度而选择不同的收获时间。对不耐寒的品种，应在9月下旬进行刈割，而对耐寒品种，应选择10月上旬刈割最佳。

（2）刈割高度：苜蓿的刈割高度，会影响到苜蓿的产量、再生性和苜蓿下一年度的生长发育情况。苜蓿刈割时留茬高度应控制在7～10厘米。

（3）干燥：苜蓿干草田间调制过程中，快速干燥是青干草调制技术的关键。压扁处理能够破坏叶片、茎的表皮以及髓的结构，碳酸钾对茎、叶表皮细胞上的角质膜均具有一定的溶解作用，使得角质膜变薄或呈间断性分布。压扁结合喷施2.5%碳酸钾溶液进行田间晒制有效减少茎部水分蒸发的阻力，加快苜蓿干燥速度，有效减少叶片损失，更好地保存苜蓿干草营养成分。

（4）高水分打捆：苜蓿含水量为28%～30%时，密度168千克/立方米，添加复合天然防霉剂进行打捆。高水分打捆可减少干草呼吸作用，保留大量叶片，有效减少叶片损失及破碎，更好地保存苜蓿干草营养成分。且干草捆体积减小，便于贮藏、运输和取用。

# 燕麦干草调制技术

## 技术要点

### 1. 含水量测定

用水分测定仪或参照 GB/T 6435—2014《饲料中水分的测定》测定。也可感官测定，抓一把燕麦草握住 20～30 秒，手松开后，草料不散开，有汁液流出，手被弄湿，含水量在 75%以上；草料不散开，手几乎不被弄湿，含水量 70%～75%；草料慢慢散开，没有汁液流出，含水量 60%～70%；草料立即散开，含水量 60% 以下；易用手拧断，但用杈子收集时不断裂，含水量 20%～30%；手捻搓发出沙沙声，且易断，含水量 17% 以下。

### 2. 收 获

初花期至乳熟期为最佳刈割时期；人工收割或机械收割。

### 3. 干燥方法

（1）自然干燥主要采用以下 3 种方法。①地面干燥：将割倒的燕麦就地平铺，待含水量下降至 30%～50% 时，集成 1～2 米高的小堆，放置 2～3

天，其含水量下降到 20% 左右时，打捆或堆成草垛。②草架干燥：将割倒的燕麦就地平铺，待含水量下降到 50%～60% 时，直接上架，自然干燥。草架底部要离地面 20～30 厘米，架上饲草堆放厚度一般≤80 厘米。架与架之间留 40 厘米通道。干草架子有独木架、三脚架、幕式棚架、铁丝长架、活动架等。③发酵干燥：适用于光照时间短、光照强度低、潮湿多雨的地区。带燕麦饲草晾晒风干至含水量 50% 左右时，分层堆积成 3～5 米高的草垛，每层可撒饲草重量 0.5%～1.0% 的食盐，表层用土或薄膜覆盖，放置 2～3 天，在晴天时开垛晾晒干燥。

（2）人工干燥主要有 4 种方式。①常温鼓风干燥：适用于牧草收获期昼夜相对湿度低于 75% 而温度高于 15℃ 的地区。建造干燥草库，内设大功率鼓风机，地面安置带通气孔的通风管道。燕麦饲草经田间刈割压扁，含水量下降至 35%～40% 时运往草库，堆在通风管上干燥。②高温快速干燥：将燕麦饲草置于烘干机 150℃ 干燥 20～40 分钟或 500℃ 干燥 6～10 秒，使含水量迅速降低到 15% 左右。③压裂草茎干燥：选用牧草茎秆压裂机将燕麦茎秆压裂压扁，再用自然干燥或人工干燥的方法进行干燥。④冷（或霜）冻干燥：适合于高寒阴湿地区。霜冻来临前，对开花期或乳熟期的青燕麦暂不收割，待霜冻1～2周之后，含水量下降到40%～45%时再刈割，就地冻晒干燥，脱水、冻干一周后，当含水量下降到23%左右时，收集拉运堆垛贮藏。

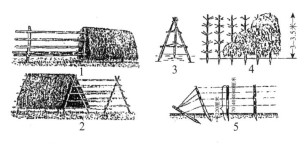

**草架干燥法**

1. 悬挂架 2. 幕式棚架 3. 三脚架 4. 小木棒 5. 铁丝悬架

# 滇中地区非洲狗尾草优质
# 干草捆生产技术

## 原料配方

纳罗克非洲狗尾草。

## 工艺流程

①雨季来临后1个月内施尿素10千克/亩+钙镁磷肥20千克/亩作追肥;②放牧或刈割利用至8月中旬,施尿素10千克/亩,然后对草地进行封育;③10月中旬,雨季结束时用割草机刈割,草地上直接晾晒;④晾晒2~3天后用翻草机翻草一次;⑤翻草后继续晒2~3天,打捆贮藏。

## 操作要点

(1)非洲狗尾草封育生长时间以2个月左右为宜,既可以保证种子收获,又可兼顾干草捆的产量和品质。

(2)要确保制作优质干草捆必须有连续1周的晴朗天气,因此必须根据天气状况决定调制干草的刈割时间。

（3）及时打捆贮藏，贮藏时应注意防潮及防止火灾隐患。

## 质量要求

（1）干草打捆时含水量以 15% 左右为宜。

（2）干草捆无石砾，非洲狗尾草所占比例 ≥ 90%，其他杂草比例 ≤ 10%。

（3）干草捆无霉变，颜色黄绿。

非洲狗尾草适宜刈割时间
（开花期）

刈　割

晾　晒

翻　晒

打　捆　　　　　　　　运　输

# 紫花苜蓿鲜草青贮技术

## 技术要点

（1）苜蓿青贮过程中添加添加剂 T1（青贮卫士，Siloguard），能够明显的改善苜蓿青贮的青贮品质，另外两个添加剂 T2、T3 也表现比较优秀。

（2）紫花苜蓿小型窖贮条件下，添加 T1 的青贮料品质较好，而直接窖贮，青贮料的发酵品质较差，有霉变，不适宜饲喂家畜。

（3）苜蓿青贮添加剂的添加量选择：T1、T2、T3 改善苜蓿青贮效果的最适添加量分别为 0.10%、20%、20%。

（4）选择的干燥剂：选择的干燥剂对苜蓿均具有确切的促进干燥作用，但效果不一。日晒条件下使用不同干燥剂苜蓿的失水量大小为：碳酸钾>十六烷基三甲基溴化铵>碳酸氢钠>十二烷基硫酸钠>对照。

（5）化学防霉剂应用：添加防霉剂具有减少苜蓿干草中真菌数量的作用，其中 0.15% 苯甲酸钠和 0.2% 的乙酸钠效果最佳。贮藏时间和防霉剂均是影响真菌数量的极显著因素（$P < 0.01$），且存在极显著的交互作用（$P < 0.01$）。

# 农副产品与高水分苜蓿混合青贮技术

## 技术要点

试验刈割紫花苜蓿为第二茬，不同枣粉添加量为对照（CK）0%、处理1（Z1）2%、处理2（Z2）4%、处理3（Z3）6%、处理4（Z4）8%、处理5（Z5）10%；不同玉米粉添加量为对照（CK）0%、处理1（T1）5%、处理2（T2）10%、处理3（T3）15%、处理4（T4）20%、处理5（T5）25%；不同苹果渣添加量为对照（CK）0%、处理1（P1）2%、处理2（P2）4%、处理3（P3）6%、处理4（P4）8%、处理5（P5）10%。

## 技术效果

（1）添加饲用枣粉的苜蓿青贮品质。添加饲用枣粉能够有效地改善苜蓿青贮饲料品质，各处理改善苜蓿青贮饲料品质的效果由高到低依次为：10%＞8%＞6%＞4%＞2%。76.01%含水量苜蓿的最适枣粉添加量为4%。

（2）添加玉米粉的苜蓿青贮品质。添加饲用玉米粉均能够有效地改善苜蓿青贮饲料品质，各处理改善苜蓿青贮饲料品质的效果由高到低依次为：25% > 20% > 15% > 10% > 5%。78.01%含水量苜蓿的最经济适用玉米粉添加量为 10%。

（3）添加苹果渣的苜蓿青贮品质。添加苹果渣粉均能够有效地改善苜蓿青贮饲料品质。紫花苜蓿含水量 76.01% 时，苹果渣最经济适用添加量为 6%。

# 皇草青贮技术

## 原料配方

（1）原料：生长至 80～200 厘米 时刈割的皇草植株。

（2）配方：在每吨鲜皇草中添加 1 000 克秸秆生物贮料调制剂。

## 工艺流程

皇草刈割→运送至加工车间→揉碎与铡切→撒入 5% 的青贮添加剂混匀→挤压水分至 65%～70%→包装入袋→运送至通风库房保存

## 操作要点

（1）原料刈割：当皇草植株生长至 80～200 厘米 时刈割到整株。

（2）揉碎与铡切：将刈割下的植株运送至加工车间，利用铡切与揉碎机将皇草植株揉碎成 2～3 厘米 。

（3）加入添加剂：在揉碎的青贮料中加入 5% 的添加剂粉，搅拌混匀。

（4）挤压水分：将加入添加剂的原料装入水分挤压机中挤压，将其水分挤压至65%～70%。

（5）包装入袋：将挤压过水分的材料装入包装机中包装成袋。

（6）入库保存：将包装成袋的青贮料运送至通风库房保存。

## 质量要求

（1）色泽要求优质青贮皇草的色泽接近青贮皇草原料的本色，青贮品质越好。青贮皇草呈绿色或黄绿色的为品质优良；青贮皇草呈黄褐色或褐绿色则为品质中等；青贮皇草呈褐色或黑色为劣质品。

（2）气味：青贮皇草味道酸香、略带水果香味、气味柔和，为品质优良；酸味较浓、略刺鼻、稍有酒味和香味的品质为中等；霉烂腐败、带有臭味、霉味，手抓后长时间仍有臭味，不易用水洗掉，为劣等品质，不能饲喂。

（3）质地：品质好的青贮皇草料在袋中压的坚实紧密，但拿到手中却比较柔软松散、略带潮湿，不粘手，其茎、叶等基本保持原状；品质中等的青贮皇草茎、叶仍能辨认，水分适中；品质低略的青贮皇草结块、发黏、粘手、质地坚硬、干燥。

黄竹草原料

原料铡切

添加青贮添加剂

青贮包装入袋

# 菊苣与青贮玉米混合青贮技术

## 原料配方

莲座期的菊苣和青贮玉米。

## 工艺流程

（1）收获菊苣和青贮玉米。

（2）青贮玉米茎秆压扁，切成 1.5～2.5 厘米的长度，菊苣切成 3.0～5.0 厘米的长度。

（3）调节菊苣和青贮玉米的含水量均到 60%～75% 时，菊苣和青贮玉米按重量比为 1 ∶ 3 的比例均匀混合。

（4）混合物加入青贮容器中压实、密封。

（5）20～25℃发酵 60 天后，完成青贮。

## 质量要求

青贮饲料品质最好，评分 80～87 分，达到优良。该青贮无需添加任何添加剂，青贮设备简单，绿色环保，操作方便等优点。

**菊苣与青贮玉米混合青贮**

# 苜蓿叶蛋白加工技术

## 技术要点

（1）粉碎榨汁：苜蓿现蕾前期收获，用锤式打浆机或粉碎机将牧草粉碎打浆，然后用压榨机榨汁。

（2）凝集：①饲用叶蛋白可采用蒸汽加热法提取，当牧草汁液快速升温至70～80℃时，几分钟内叶蛋白即可凝固。②食用叶蛋白可采用发酵法提取，将牧草汁液在缺氧条件下添加乳酸菌发酵48小时左右，利用乳酸杆菌产生的乳酸使叶蛋白凝固沉淀。经发酵凝固的叶蛋白不仅有质地较柔软，溶解性好的特点，而且具有破坏植物中的有害物质如皂角苷等的能力。

（3）叶蛋白的分离与干燥：凝固的叶蛋白多呈凝乳状，可用沉淀、过滤或离心等方法将叶蛋白分离出来。干燥可用多功能蒸发器、喷雾干燥机等进行。如是自然干燥，可在叶蛋白中加入浓度为7%～8%的食盐，以防其腐败变质。

（4）叶蛋白加工的副产品的利用：新鲜牧草榨汁后的剩余物占牧草干重的75%～85%，它的有机物和蛋白质的消化率低于同类牧草的干草，而粗纤维的消化率差异不大，可直接饲喂，也可青贮或制成颗粒饲料后饲喂反刍家畜。榨出的牧草汁液提取叶蛋白后，剩余的废液一般占鲜重的40%～50%，可用作动物饲料。

# 紫花苜蓿保健叶茶开发技术

## 技术要点

（1）采收现蕾期单茎上部 30 厘米 以内的叶片，用清水冲洗 1～2 遍后，摊开静置得清洗过的叶片得清洗过的叶片。

（2）采用水蒸气对步骤（1）清洗过的叶片进行杀青，叶片进料厚度为 2～4 厘米 ，100～120℃条件下水蒸气杀青 3～5 分钟得杀青后的叶片。

（3）将步骤（2）杀青后的叶片抖散降温至15～25℃，之后揉捻 15～45 分钟，形成紧结的团状或条索状叶片得揉捻后的叶片。

（4）步骤（3）揉捻后的叶片在 100～120℃条件下干燥 10～15 分钟，再将温度降到60～80℃，干燥 0.5～1.5 小时至含水量 5%（重量百分比）以下，制得紫花苜蓿粗茶。

（5）将步骤（4）制得想紫花苜蓿粗茶与基本茶按比例混合后，作为紫花苜蓿保健叶茶成品经行包装，即得。

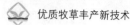

## 技术效果

与其他 3 种方法相比，感官品质分别提高 10.35%、12.58% 和 15.33%，黄酮分别提高 52.31%、46.44% 和 50.75%，皂苷分别提高 88.99%、107.92% 和 99.38%。由此可见，本技术开发的紫花苜蓿保健叶茶具有较好的感官品质与较高的保健活性成分。

# 菊粉提取技术

## 技术要点

（1）原材料处理：将块状的菊苣的主根磨成根粉，在温度为85℃、固液比为1∶30条件下，提取60分钟，此时菊粉的提取率最高达58.58%。

（2）提取液纯化：提取后的菊粉液中含有蛋白质、果胶、色素及各种矿物质盐等杂质，需进行纯化。向菊粉提取液中加入石灰乳，在70～80℃纯化，此时蛋白清除率超过90%。

（3）脱色：采用活性炭脱色。加入浓度为20克/升的活性炭，70℃脱色50分钟，此时脱色率为69.13%，菊粉损失率最低为7.93%。

菊　苣

菊苣根

**菊粉提取**

**菊　粉**

# 第四章
## 牧草利用技术与模式

# 苜蓿青干草在泌乳奶牛上的应用技术

## 技术要点

（1）泌乳前期和中期：奶牛在泌乳前期和中期添加苜蓿青干草，都以补饲干物质为 5.0 千克苜蓿的产奶量高（泌乳中期 3.24% 高于前期 3.00%），补饲苜蓿青干草，可提高牛奶的乳蛋白和乳脂率。

（2）泌乳中后期：日粮中添加不同比例的苜蓿干草都不同程度地提高了奶牛对干物质的采食量和中性洗涤纤维的表观消化率，其中 20% 和 30% 组对采食量提高的达到显著程度，而 30% 组中性洗涤纤维的表观消化率最高。在奶牛日粮中增加苜蓿干草添加量能显著提高产奶量和乳脂率，乳蛋白率、乳糖以及非脂固形物含量没有变化，其中以 20% 和 30% 组效果最佳。随着苜蓿干草添加量的增加血清总蛋白的含量显著升高，各组之间尿素氮、血糖、白蛋白含量、谷丙转氨酶活性差异不显著，说明添加苜蓿对奶牛的健康没有不利影响，可以安全饲用。从经济效益来比较，添加 20% 组奶牛的纯增效益为 2.64 元，其收入最高。

综合分析，对于产奶量为 7 吨左右，泌乳期为中后期的奶牛，用 20% 苜蓿干草替代相应精料，增加了奶牛的产奶量，节约了精料，确保了奶牛的健康，提高了经济效益。所以在生产中用 20% 苜蓿草粉替代相应的精料是经济有效、切实可行的。

# 奶牛日粮中苜蓿青贮替代玉米青贮技术

## 技术要点

对照组用基础日粮为精料补充料 8.5 千克，全株青贮 25 千克，干草 3 千克；实验组基础日粮和干草相同，5 千克苜蓿青贮替代 5 千克全株玉米青贮，其余为全株玉米青贮。

## 技术效果

通过对奶牛饲喂苜蓿青贮，预试期实验组与对照组产奶量基本相同，实验组饲喂苜蓿青贮后产奶量较对照组每头牛平均提高了 1.6 千克，增加收入 6.4 元，青贮青贮苜蓿成本 750 元/吨，全株玉米青贮 360 元/吨，每头牛每日用 5 千克苜蓿青贮替代 5 千克全株玉米青贮，成本提高了 1.2 元，每头牛平均日增加效益 4.24 元。

苜蓿青贮保留了苜蓿特有的芳香气味，适口性好，最大限度地保留了苜蓿的营养成分，提高了可消化吸收蛋白质的利用率。经检测此批苜蓿青贮粗蛋白含量为 12.7%，水分 68.1%，黄曲霉毒素总量低于 0.001 毫克/千克。

# 奶牛生产中苜蓿青贮替代精料技术

## 技术要点

采用苜蓿青干草＋玉米秸青贮料粗饲料饲养模式，分别利用 3 千克的苜蓿青干草替代 3 千克、2 千克、1.5 千克的精料。

## 技术效果

用 3 千克苜蓿青干草替代 1.5 千克精料产奶量极显著高于对照组，乳蛋白和乳脂率分别显著和极显著高于对照组，经济效益最好；随着精料的逐步下降，乳蛋白、乳脂率、乳糖和干物质含量依次上升。分别用 3 千克的苜蓿青干草替代 0 千克、1.5 千克、2 千克、3 千克的精料，乳蛋白由 3.1% 提高到 3.52%，乳脂率由 3.49% 提高到 3.90%，乳糖由 4.86% 提高到 5.05%，乳中干物质由 12.76% 提高到 13.81%。通过研究，已开发出含苜蓿青干草的 TMR 高效节粮配方及其利用模式。

# 奶牛节粮型饲养技术

## 技术要点

试验组包括"玉米秸秆（70%）+ 苜蓿干草（30%）""羊草（70%）+ 苜蓿干草（30%）""全株玉米青贮（70%）+ 苜蓿干草（30%）"和"全株玉米青贮（50%）+ 羊草（30%）+ 苜蓿干草（20%）"，以单纯饲喂"玉米秸秆（100%）"作为对照组，比较了以上 5 种饲养模式的饲喂效果和经济效益。

## 技术效果

（1）与单纯饲喂"玉米秸秆"相比，添加苜蓿干草可有效提高产奶量，改善乳成分，"玉米秸秆 + 苜蓿干草"组产奶量达到 20.25 千克，提高 10.05%，4% 乳脂校正乳提高 11.75%，乳蛋白率提高 2.10%，乳脂率提高 2.59%，每头每天纯增收 2.46 元。

（2）在苜蓿干草饲喂量相同时，"全株玉米青贮 + 苜蓿干草"组产奶量、乳蛋白和乳脂率最高，与"玉米秸秆 + 苜蓿干草"组和"羊草 + 苜蓿干草"组相比，产奶量分别提高 14.96% 和 13.12%，4% 乳脂校正乳分别提高 17.06% 和 15.60%，乳蛋白率分别提高 2.67% 和 2.37%，乳脂率分别提高 3.36% 和 3.94%。

（3）综合比较，"全株玉米青贮＋苜蓿干草"组的综合饲喂效果最好，产奶量达到 23.28 千克，与"玉米秸秆"对照组相比，提高 26.52%、4% 乳脂校正乳提高 30.81%，乳脂率提高 6.03%、乳蛋白率提高 4.85%，每头每天纯增收 3.87 元。

# 奶牛用发酵 TMR 饲料生产技术

## 原料配方

（1）原料：优质干草、青贮、农作物秸秆、玉米等能量饲料、豆粕等蛋白饲料、食品加工副产品、矿物质、维生素、乳酸菌添加剂等。

（2）配方：原料以干重计，干草 30%～40%、青贮 25%～30%、农作物秸秆 10%～20%、蛋白饲料 5%～10%、能量饲料 15%～20%、糖蜜 1%～2%、食品加工副产品 5%～10%、矿物质和维生素等添加剂 3%～5%。

## 生产流程

原料检测—原料投入—TMR（全混合日粮）搅拌机混合—高密度成型—拉伸膜裹包—密封贮藏

## 操作要点

（1）根据奶牛不同生长发育阶段以及产奶量的营养需求，确定 TMR 日粮配方。

（2）按照配方中所要求的饲料原料的种类和

数量准备好各种饲料原料。使用时应认真清除原料中混有的塑料袋、金属以及草绳等杂物；不应使用变质、霉变的饲料原料。

（3）测定饲料原料的化学成分，包括水分、粗蛋白质、NDF（中性洗涤纤维）、（酸性洗涤纤维）ADF、淀粉、钙、磷以及粗灰分等。

（4）饲料原料添加顺序：卧式 TMR 搅拌车添加顺序宜为精饲料、干草、青贮饲料、糟渣类和液体饲料；立式 TMR 搅拌车添加顺序宜为干草、精饲料、青贮饲料、糟渣类和液体饲料。

（5）搅拌时间：边加料边搅拌，添加完所有饲料原料后，继续搅拌 3～8 分钟，防止过度搅拌混合。

（6）高密度成型：采用圆（方）梱青贮打梱机或青贮压块机，将搅拌好的 TMR 饲料高密度成型。

（7）裹包密封贮藏：利用拉伸膜等将高密度成型的 TMR 饲料裹包，密封贮藏 4 周。

（8）贮藏时注意外包装的完整，防控鸟、鼠、虫害；避免日光下暴晒及雨水浸入。

## 质量要求

（1）感官评价：配好的 TMR 饲料应具有均

一性，精饲料和粗饲料混合均匀，精饲料要附着在粗饲料上，松散不分离，新鲜不发热，无异味，不结块；发酵好的 TMR 饲料应具有不刺鼻的酸香气味，松散不分离，不结块。

（2）发酵品质：pH 值低于 4.2。

（3）干物质含量：TMR 干物质含量以 45%～60% 为宜。

（4）化学成分：水分、粗蛋白、粗脂肪、淀粉、中性洗涤纤维、酸性洗涤纤维、钙、总磷以及粗灰分的含量的测定值与配方理论计算值的差异宜在 ±5% 以内。

**成型奶牛用发酵 TMR 饲料**

# 狼尾草青贮在肉牛上的利用技术

## 技术要点

（1）牧草收获：狼尾草生长至 2 米收割进行青贮较为适宜。

（2）青贮方法：植株切成 2～3 厘米，装入青贮窖，最适宜的含水量为 65%～75%，也可采用低水分青贮技术，含水量 50% 左右再进行青贮。南方由于气候湿热多雨，植株水份含量很高，且不易晾晒，青贮时可加入玉米、麦麸等精料来调节水分。并可加入青贮料添加剂，主要使用乳酸杆菌等可促进青贮效果。装窖应踩实，窖装满后在上面铺盖一层塑料薄膜，顶部周围压实封严，防止漏雨漏气。贮后 30 天就可以开窖饲喂。

（3）优质青贮判定：优质青贮饲料颜色青绿，质地柔软、湿润，带有酒香味，青贮料收割时为黄色，贮后为黄褐色也属优质青贮料。如果发现青贮料颜色变黑或褐色，气味酸臭，拿到手里发黏或干燥粗硬，则为劣质青贮料。发霉臭的青贮料不能喂用。

（4）青贮料使用：青贮料使用要在窖的一端开始逐层依次取用，取用后再用塑料膜覆盖防止霉变。在冬早春采用青贮料进行肉牛育肥很适用，但每天每头喂量不宜超过30千克，另外补充精料2千克。在育肥后期，逐渐减少青贮喂量，补充优质干草或鲜草，增加精料给量，达到3～4千克，使日增重达到1.0～1.2千克，自由饮水。

（5）废弃物综合循环利用：牛场废弃物须经无公害处理，应以循环经济理念为指导，开展废弃物的综合循环利用。以减量化为手段，采用干法清粪方法清理牛粪；牛粪用于食用菌或有机肥生产。肉牛场的冲洗水以建设沼气池为纽带，每100头肉牛可配套建设30立方米的沼气池，5亩的狼尾草草地，沼气供牛场生活用能，产生的沼（液）肥利用草地进行消纳，以达到废弃物排放的生态达标。同时又能生产大量牧草进行肉牛养殖利用，实现生态效益、社会效益、经济效益三赢。

狼尾草青贮

肉牛育肥

# 林下鸭茅与紫花苜蓿混播草地放牧小尾寒羊技术与模式

## 技术效果

林间紫花苜蓿与鸭茅混播草地放牧小尾寒羊90天后，小尾寒羊的平均活体重达34.98千克/只，较试验前增加了17.1千克；胴体重和净肉率得到明显增加，羊肉眼肌面积达12.26平方厘米。林间紫花苜蓿与鸭茅混播草地放牧小尾寒羊与林下一年生野生草地放牧小尾寒羊相比，宰后1小时和1天肉的亮度、红色度、黄色度表现更佳，氨基酸总量达86.57%，必需氨基酸含量达36.9%，鲜味氨基酸占比达48.25%，背肌油酸含量高达16.27毫克/克，总脂肪酸、饱和脂肪酸、多不饱和脂肪酸和必需脂肪酸也有较好的提高。

# 苜蓿青干草在肉羊中的应用技术

## 技术效果

随着苜蓿青干草替代量的增加，杜寒 $F_1$ 的采食量呈现下降趋势，但试验组杜寒 $F_1$ 的日增重均高于对照组，其中试验组 I（替代量 10%）及试验组 IV（替代量 40%）和对照组差异显著。杜寒 $F_1$ 的屠宰率随着苜蓿添替代比例的升高而升高，分别为对照组 46.5%，试验组 I 47.3%，试验组 II 48.4%，试验组 III 48.7%，试验组 IV 49.4%。综合来讲，当苜蓿青干草的替代量为 10% 时可以降低料重比及饲料成本，提高经济效益。

# 苜蓿型 TMR 颗粒饲料在肉羊中的应用技术

## 技术要点

适合辽宁绒山羊种公羊，体重（62.64±1.83）千克。3 个组的日粮苜蓿草比例依次为 20%、30% 和 40%，精粗比分别为 29.6 和 70.4、23.2 和 76.8 和 17.7 和 82.3，各组日粮总体营养水平相近。

## 技术效果

苜蓿草比例为 20%，精粗比约为 30∶70 时，成年辽宁绒山羊公羊对各类营养物质的消化率最高，饲料利用率最好。

苜蓿草比例为 40%，精粗比约为 13∶87 时，成母羊对各类营养物质的消化率最高，饲料利用率最佳。

# 苜蓿型 TMR 颗粒在辽宁绒山羊种公羊饲喂技术

## 技术要点

适合辽宁绒山羊种公羊，体重（62.64±1.83）千克。3 个组的日粮苜蓿草比例依次为 20%、30% 和 40%，精粗比例分别为 29.6 ∶ 70.4、23.2 ∶ 76.8 和 17.7 ∶ 82.3，各组日粮总体营养水平相近。

## 技术效果

苜蓿草比例为 20%，精粗比约为 30 ∶ 70 时，成年辽宁绒山羊公羊对各类营养物质的消化率最高，饲料利用率最好。

# 辽宁绒山羊育成公羊苜蓿型 TMR
# 颗粒饲料制作技术

## 技术要点

适合辽宁绒山羊育成公羊，体重（46.66±1.93）千克。3个组日粮的苜蓿草比例依次为20%、30%和40%，精粗比例分别为34.3：65.7、28.0：72.0和27.0：73.0，各组日粮总体营养水平相近。

## 技术效果

结果表明，苜蓿草比例为20%，精粗比约为34：66时，育成公羊对各类营养物质的消化率最高，饲料利用率最佳。

# 辽宁绒山羊成年母羊苜蓿型 TMR 颗粒饲料制作技术

## 技术要点

适合辽宁绒山羊成年母羊，体重（46.71±4.93）千克。试验 1 组、试验 2 组和试验 3 组日粮苜蓿草比例依次为 20%、30% 和 40%，精粗比例分别为 29.6 ∶ 70.4、23.2 ∶ 76.8 和 17.7 ∶ 82.3。

## 技术效果

结果表明，苜蓿草比例为 40%，精粗比约为 13 ∶ 87 时，成母羊对各类营养物质的消化率最高，饲料利用率最佳。

# 辽宁绒山羊育成母羊苜蓿型TMR颗粒饲料制作技术

## 技术要点

适合辽宁绒山羊成年母羊，体重（46.71±4.93）千克。试验1组、试验2组和试验3组日粮苜蓿草比例依次为20%、30%和40%，精粗比例分别为29.6∶70.4、23.2∶76.8和17.7∶82.3。

## 技术效果

苜蓿草比例为20%，精粗比约为17∶83时，育成母羊对各类营养物质的消化率最高，饲料利用率最佳。

# 辽宁绒山羊羔羊苜蓿型 TMR
# 颗粒饲料制作技术

## 技术要点

适合辽宁绒山羊羔羊，体重（19.96±0.72）千克，年龄 4.5 个月。试验 1 组、试验 2 组和试验 3 组日粮苜蓿草比例依次为 30%、40% 和 50%，精粗比例分别为 29.6 ：70.4、23.2 ：76.8 和 17.7 ：82.3。

## 技术效果

苜蓿草比例为 40%，精粗比约为 60 ：40 时，羔羊对各类营养物质的消化率最高，饲料利用率最佳。

# 东北细毛羊泌乳期母羊及育成母羊的日粮类型

## 技术要点

在泌乳母羊试验中，从生产性能上看，各个日粮类型中，"玉米秸秆＋苜蓿干草＋玉米青贮"组与"玉米秸秆"组相比多项指标均提高得最多。其中，母羊增重提高了 106.6%，羔羊增重提高了 53.6%，泌乳量提高了 33.9%，料重比也相差得最多。在经济效益方面，"玉米秸秆＋苜蓿干草＋玉米青贮"组与"玉米秸秆"组相比，虽然投入增加，但总增收是最多的，增收了 145.62 元。

在育成母羊试验中，粗饲料组合中含有苜蓿干草的 4 组全混合日粮中，与单纯饲喂苜蓿干草（100%）相比，"苜蓿干草（50%）＋玉米青贮（50%）"日增重可提高 81.82%，饲料转化效率提高 49.61%，增收可达 1.88 元/（天·只）。

# 节粮型日粮配制在辽宁绒山羊的

# 应用技术

## 技术要点

（1）辽宁绒山羊 TMR（全日混合粮）颗粒饲料标准化饲喂技术适用范围：本技术规程推荐在饲养规模达到 500 只以上的养殖场中应用，在低于此规模的养殖场中建议简化应用。该技术的主要内容包括绒山羊分群、饲喂适应期、饲喂期饮水要点、饲喂量控制、饲喂观察、饲喂调整、饲喂辅助手段。全混合饲料是一个应用技术，不是一成不变的固定模式，本技术的应用更多体现在因地制宜、就地取材，开发不同的粗饲料资源，作为换取肉、蛋、奶、毛和绒的饲料基础。全舍饲规模化饲养方式带来的全混合日粮配比迫切需要，而目前小规模大群体的产业现状，意味着本技术使用的空间巨大。全混合饲料配比技术要考虑反刍动物的特性，将低碳低氮排放技术广泛应用。考虑到羊产业的饲养现状，要加强适度规模饲养的配合饲料加工设备研制和联合饲养小区、合作社加工饲料统一配送模式研究。

（2）辽宁绒山羊 TMR 颗粒饲料的优点：饲喂 TMR 颗粒饲料能过有效控制饲料精粗比例，避免动物挑食，能提高粗纤维类物质的消化率，同时比对照组日增重较高，单位增重耗料和成本均较低。全混合饲料技术改变了饲养工艺，提升了标准化饲养水平，提高了劳动效率，降低了劳动强度，减少了人工成本。

（3）分群：TMR 技术体系的前提是对辽宁绒山羊合理分群，分群依据是绒山羊个体生长阶段、生理阶段、生产潜能和健康状况。辽宁绒山羊没有非生绒期，绒毛生长速度快、营养代谢旺盛，因此更需要对其进行细致的分群，可按照生理阶段分为怀孕后期母羊、泌乳期母羊、空怀期母羊、育成母羊、育成公羊、非配种期公羊、配种期公羊 7 个群。

（4）辽宁绒山羊 TMR 颗粒饲料标准化加工技术：绒山羊 TMR 颗粒饲料是一种圆柱状颗粒，硬度适中，直径大小不同，褐色，有秸秆的味道。根据配方不同，其原料一般包括玉米、豆粕、NPN 制剂、食盐、牛羊复合多维预混剂、羊草、苜蓿、花生秸秆、玉米秸秆、大豆秸秆、硫酸钠、氯化铜、复合防霉剂、膨润土以及甲烷抑制剂等。绒山羊 TMR 颗粒饲料的加工工艺流程为：原料准备—原料粉碎—原料称量混合—颗粒压制—烘干冷却—分装—贮存。具体可参阅发明专利"一种绒、毛、肉用羊全混合颗粒饲料（CTMR）及加工方法（专利号 201210154285.5）""一种制粒专用粗饲料复合防霉剂及制备方法（专利号 201210154286.X）"。

（5）TMR 颗粒饲料甲烷抑制技术：以秸秆为主的 TMR 颗粒饲料中，在不影响饲料瘤胃降解和消化的前提下，添加月桂酸将最大限度地降低甲烷产量，同时耗费的资金成本最低，达到了低成本调控绒山羊甲烷排放的目的。

# 狼尾草打浆喂猪利用技术

## 技术要点

（1）狼尾草刈割：狼尾草在株高150厘米左右时刈割，牧草刈割留茬高度10厘米左右。

（2）狼尾草浸洗：牧草打浆前可先用0.2%食用醋酸浸洗，防止寄生虫或病菌感染。

（3）牧草喂猪利用：牧草打浆饲喂育肥猪，每头每天牧草饲喂量为0.25～0.5千克；目前牧草在母猪上应用较多，早中期怀孕母猪每天较佳饲喂量为2～4千克鲜草。可直接投喂或与精料混合投喂。

牧草打浆

# 狼尾草发酵饲料喂猪利用技术

## 技术要点

（1）狼尾草属牧草品种选择：可选择闽牧6号、闽草1号、台畜2号等狼尾草属牧草品种。

（2）牧草刈割：牧草在株高1.5米左右时开始刈割。

（3）牧草打浆：将新鲜的狼尾草利用牧草打浆机打成草浆。

（4）草浆混合发酵：草浆可与玉米、豆粕、麸皮混合发酵，参考配方为：35%玉米＋10%豆粕＋5%麸皮＋50%牧草草浆，将上述原料混合，加入高效豆粕发酵菌，搅拌均匀，密封保存。发酵5~7天后，就可以开袋饲用。

（5）发酵料使用：利用发酵饲料饲喂肉猪，发酵饲料的添加比例最多可以达到30%，将发酵饲料与精料混合进行投喂。草浆等原料混合发酵后，具有芳香味且略带酸味，适口性很好。

狼尾草草浆

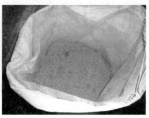

草浆与玉米、豆粕、麸皮
混合发酵

# 林下菊苣草地低密度放养北京油鸡
# 技术与模式

## 技术要点

选择适宜的林地果园，树行间距4米以上。人工建植林间菊苣草地，条播，行距20厘米，播种量为1.2千克/亩。于菊苣营养期，放养8周龄的北京油鸡雏鸡，菊苣草地至少划分2个轮牧小区，放养密度为135只/亩，每个轮牧小区放养3周后轮换一次，依次轮牧。每个放养小区配备有干爽、排水良好、防暑保温的彩钢板简易可移动鸡舍（平均10只鸡/平方米）、悬挂式喂料桶（平均10只鸡1个）和壶式饮水器（平均30只鸡1个）。无雨的天气，白天放养，夜间回鸡舍休憩。

菊苣草地放养鸡的每只每日精料补饲量为清耕地散养组的85%，于每天7:00—7:30和18:00—18:30各补饲1次。补饲量随着鸡周龄的增长而增加，8~9周龄、10~11周龄、12~13周龄、14~16周龄、17~19周龄、20~22周龄、23~25周龄的日平均精料补饲量分别为40克/只、

45 克 / 只、52 克 / 只、58 克 / 只、60 克 / 只、63 克 / 只、68 克 / 只。

**林下菊苣草地低密度放养北京油鸡**

### 技术效果

菊苣草地放养北京油鸡的活重、屠体重、全净膛重达 1.78 千克 / 只，1.60 千克 / 只和 1.14 千克 / 只，分别较传统林下光板地养鸡显著增加了 238.02 克，262.86 克和 137.30 克（$P > 0.05$），屠宰率达 89.81%；腿肌和胸肌的粗蛋白质含量增加，粗脂肪含量显著下降，肌苷酸含量分别显著增加到 1.02% 和 1.52%，必需氨基酸含量显著增加了 21.99% 和 16.65%；8~16 周龄和 17~25 周龄的饲料转化率分别为 3.48 和 5.43。

# 林下菊苣草地低密度放养农大 5 号鸡

# 技术与模式

## 技术要点

选择适宜的林地果园，树行间距 4 米以上。人工建植林间菊苣草地，条播，行距 20 厘米，播种量为 1.5 千克 / 亩。于菊苣营养期，放养 8 周龄的农大 5 号雏鸡，菊苣草地至少划分 2 个轮牧小区，放养密度为 120 只 / 亩，每个轮牧小区放养 15 天后轮换一次，30 天为一个轮牧周期。每个放养小区配备有干爽、排水良好、防暑保温的彩钢板简易可移动鸡舍（平均 10 只鸡 / 平方米）、悬挂式喂料桶（平均 10 只鸡 1 个）和壶式饮水器（平均 30 只鸡 1 个）。无雨的天气，白天放养，夜间回鸡舍休憩。

菊苣草地放养的每只鸡日精料补饲量为清耕地散养组的 85%，于每天 7:00—7:30 和 18:00—18:30 各补饲 1 次。补饲量随着鸡周龄的增长而增加，放养初日补饲量平均为 37 克 / 只，鸡龄每增加 1 周日补饲量平均增加 4～5 克 / 只。

## 技术效果

菊苣草地放养农大 5 号鸡的活重、屠体重、全净膛重、腿肌重均有所增加；胸肌和腿肌的粗蛋白、总氨基酸、必需氨基酸含量均增加，肌苷酸含量分别达 1.29% 和 1.10%；料重比显著降低。

农大 5 号鸡及鸡舍

# 林下菊苣与紫花苜蓿混播草地低密度放养北京油鸡技术与模式

## 技术要点

选择适宜的林地果园，树行间距 4 米以上。于林下建植菊苣与紫花苜蓿混播多年生草地，菊苣与紫花苜蓿混播比例为 1 ∶ 1，条播，行距 20 厘米，播种量为 1.5 千克 / 亩。于 6 月中旬（菊苣营养期和紫花苜蓿分枝期）开始放养 8 周龄北京油鸡，设 2 个轮牧放养小区，放养密度为 135 只 / 亩，每个轮牧放养小区放养 15 天后轮换一次，30 天为 1 个轮牧周期，可饲养 4 个轮牧周期，共 120 天。每个放养小区配备有干爽、排水良好、防暑保温的彩钢板简易可移动鸡舍（平均 10 只鸡 / 平方米）、悬挂式喂料桶（平均 10 只鸡 1 个）和壶式饮水器（平均 30 只鸡 1 个）。无雨的天气，白天放养，夜间回鸡舍休憩。

菊苣与紫花苜蓿混播草地放养的每只鸡每日精料补饲量为清耕地散养组的 85%，于每天 7:00—7:30 和 18:00—18:30 各补饲 1 次。补饲量

227

随着鸡周龄的增长而增加，8～9周龄、10～11周龄、12～13周龄、14～17周龄、18～21周龄、22～25周龄的平均日精料补饲量分别为：40克/只、45克/只、52克/只、58克/只、62克/只、68克/只。

技术负责人现场讲解

林间菊苣与紫花苜蓿混播草地

**技术效果**

菊苣与紫花苜蓿混播草地低密度放养北京油鸡的活体质量、屠体质量、全净膛质量分别较传统林下光板地散养增加了 2.44%、5.49%、8.63%，屠宰率和全净膛率分别提高了 2.97% 和 6.07%；腿肌和胸肌的粗蛋白、总氨基酸和非必需氨基酸含量均有所增加；蛋黄胆固醇含量显著下降。

# 林下籽粒苋与高丹草混播草地低密度放养北京油鸡技术与模式

## 技术要点

选择适宜的林地果园，树行间距 4 米以上。于林下（如板栗园，株行距为 6 米 × 10 米）行间混播建植籽粒苋和高丹草（一年生牧草，比例为 1∶1）草地，播种量为 2 千克/亩，条播，行距 20 厘米，播后覆土 1～2 厘米并立即喷灌浇水。于籽粒苋营养期和高丹草拔节期轮牧放养 9 周龄的北京油鸡，放养密度 150 只/亩，每个处理区平均划分 4 个轮换放养小区，每个小区放养 10 天后移至下一小区，40 天为 1 个轮牧周期，可实施轮牧 2 个周期。

草地放养北京油鸡的精料补饲量较对照组（林下光板地，不种草区）的按 15% 比例缩减，并于每天 7:30—8:00 与 18:00—18:30 各补饲精料 1 次，早、晚补饲量分别为日粮的 40% 和 60%。且精料补饲量随油鸡的周龄增长而增加，其中 9～10 周龄、11～12 周龄、13～14 周龄、15～17 周龄、18～20 周龄，每只鸡的日精料补饲量分别为 40.0 克、43.4 克、45.9 克、47.6 克和 50.2 克。

每个放养小区配备有干爽、排水良好、防暑保温的彩钢板简易鸡舍（平均 10 只鸡 / 平方米）、悬挂式喂料桶（平均 10 只鸡 1 个）和壶式饮水器（平均 30 只鸡 1 个）。无雨的天气，白天放养，夜间回鸡舍休憩。

## 技术效果

在 150 只 / 亩的放养密度条件下，放养 80 天后北京油鸡胸肌和腿肌的游离氨基酸含量分别高达 7.252 克 / 千克和 5.244 克 / 千克，必需氨基酸含量分别达 2.854 克 / 千克和 2.028 克 / 千克，肌苷酸含量分别达 1.36% 和 0.45%（较林下光板地散养鸡的分别提高了 20.24% 和 18.75%），显著改善了鸡肉的品质和风味；屠宰率达 78.1%，屠体重、腿肌重和胸肌重表现更佳；可节约精料补饲量 15% 以上。

林间籽粒苋与高丹草混播草地低密度放养北京油鸡

# 白三叶草粉配合日粮饲喂肉兔草

# 产品加工技术

## 原料配方

盛花期刈割的白三叶牧草，经快速自然干燥后加工成草粉。参照我国饲料工业标准方法测定营养成分，参照美国NRC1977《兔的营养需要量》标准，设计各试验组饲料配方，配制成直径为5毫米的颗粒饲料。所用日粮生产工艺按照正规的饲料厂生产流程配制。

## 工艺流程

收获盛花期白三叶—自然快速地面干燥—粉碎成草粉—加豆粕、玉米及预混料—搅拌混合—制粒—成品包装—饲喂

## 操作要点

牧草快速干燥及按比例混合均匀是质量保证重点。

## 质量要求

开袋需尽快饲喂，长期保存的饲料需袋装并在冷库低温下冷藏保存，以防腐败或变质，导致肉兔畜禽等得病。

白三叶草粉

白三叶田间种植

# 多花黑麦草草粉配合日粮饲喂肉兔草产品加工技术

## 原料配方

初花期收获的多花黑麦草，经自然晾晒后加工成草粉。试验日粮采用套算法配制，即由70%基础日粮（日粮组成及其营养水平见下表）和30%被测饲料原料（多花黑麦草）配制而成。

表　日粮组成及营养水平（风干基础）

| 原料组成 | 营养水平（%） |
| --- | --- |
| 黑麦草粉 | 30.00 |
| 苜蓿草粉 | 0.00 |
| 玉　米 | 11.00 |
| 豆　粕 | 18.20 |
| 小麦麸 | 35.07 |
| 统　糠 | 2.72 |
| 豆　油 | 0.55 |
| 石　粉 | 0.96 |

| 原料组成 | 营养水平（％） |
|---|---|
| 食 盐 | 0.50 |
| 预混料 | 1.00 |
| 合 计 | 100.00 |

## 工艺流程

收获初花期多花黑麦草—自然快速地面干燥—粉碎成草粉—加豆粕、玉米及预混料—搅拌混合—制粒—成品包装—饲喂

## 操作要点

牧草快速干燥及按比例混合均匀是质量保证重点。

## 质量要求

开袋需尽快饲喂，长期保存的饲料需袋装并在冷库低温下冷藏保存，以防腐败或变质，导致肉兔畜禽等得病。

多花黑麦草田间种植　　　　多花黑麦草草粉

# 牧草消纳养猪场污水及循环利用技术

## 适用范围

适用于各种类型的养猪场（户）应用。要求配备固液分离设施设备、配套沼气工程，并建造加盖防雨顶棚的贮液池、贮粪池；猪场周边有适于种植的空地，以用于种植牧草，消纳沼液。

## 技术要点

（1）牧草品种选择：选择的牧草品种应具有抗旱力强、耐肥、耐湿、生物量大、适口性好的特点。暖季牧草有狼尾草属牧草（多年生）、大力士（一年生）等，其中以狼尾草属牧草利用最多，狼尾草属品种有台畜 2 号、闽牧 6 号、杂交狼尾草、贵牧 1 号、热研 4 号王草等。冷季牧草目前主要应用黑麦草。

（2）牧草种植：①狼尾属牧草主要通过根、茎无性繁殖利用。当气温达 12℃以上时，即可移栽或扦插。选择生长 100 天以上的茎作种茎一般每 2～3 个节切成一段，平埋或直埋于土中，也可分根繁殖。株行距 50 厘米×50 厘米左右。通过草地消纳沼液，狼尾草一年可刈割5～8次，鲜草产量可达150～300吨/公顷。②黑麦草种植可春播或秋播，但最宜在9—10月播种，以与狼尾草进行合理的茬口衔接。播前需精细整地，保持良好的土壤水分。播种方法可条播或撒播，条播行距15～30厘米，播种量每亩1千克，播深1.5～2厘米；撒播的播种量可增至每亩1.5千克。在生长季节，可刈割3～4次，鲜草产量可达150吨/公顷。

（3）草场与生猪养殖配套：由于草地吸纳沼液环境容量受到许多不同因素的影响，一般来讲，猪场采用干清粪和粪污厌氧发酵技术后，每30～50头大猪可配套1亩狼尾草草地，每20～30头大猪可配套1亩黑麦草草地。

（4）草场灌溉：一般采用漫灌或人工浇灌等形式。狼尾草1个刈割周期（40天左右），可浇灌沼液3～4次，一次20～30吨/亩。

（5）牧草利用：牧草可利用于生猪及草食性动物（兔、牛、羊、鹅、草鱼等）养殖，狼尾草属牧草也可替代稻草等秸秆进行草生菌生产。

草场建设

饲喂早中期怀孕母猪

# 苜蓿草粉在非反刍动物中的应用技术

## 适用对象

本技术适用于蛋鸡、兔、鱼、猪等。

## 技术目标

苜蓿草粉在非反刍动物中的应用始终是拓展苜蓿利用价值的一个瓶颈，突出的原因是苜蓿饲料原料产量和质量不稳定，无科学的技术提供支持，苜蓿作为原料无法进入工业化饲料生产工艺中，针对这个问题，开展相关研究解决苜蓿草粉在非反刍动物中的应用难题，为拓宽苜蓿利用范围，延长产业链，提高附加值提供科学依据。

## 技术要点

1. 苜蓿草粉在猪中的应用技术

（1）生长肥育猪的技术要点：日粮中添加7%、14%苜蓿草粉提高肥育猪生产性能1.14%、4.47%，14%苜蓿草粉为最适宜添加量；添加苜蓿草粉的所有处理组血清中的总胆固醇含量均低于对照组，21%苜蓿草粉组相对于对照组降低了

20%，苜蓿草粉能降低肥育猪机体胆固醇的含量。

（2）妊娠母猪的技术要点：妊娠母猪日粮与对照组相比，添加苜蓿草粉增加了初生仔猪数，与对照组相比，以添加量为20%的处理组为最多，提高了12.78%（1.63头）；各试验组经济效益均有所提高，以添加量为20%的试验组增幅最大，达30.73%。

（3）哺乳母猪的技术要点：哺乳母猪日粮添苜蓿草粉（5%、10%、15%、20%、25%）极显著提高仔猪日增重，分别提高18.54%、13.83%、14.58%、5.67%、7.91%；试验组仔猪成活率提高；缩短了母猪断奶到发情的时间间隔；显著降低了母猪血清中甘油三酯、总胆固醇、低密度脂蛋白的含量；10%苜蓿草粉为最适添加量。

（4）松辽黑猪的技术要点：适量而优质的苜蓿纤维素产生的丁酸盐，能保护仔猪肠道的生理结构，产生的挥发性脂肪酸还可以通过影响水分吸收和抑制病原微生物生长起到了抗腹泻作用；适量的添加苜蓿可降低育肥猪饲养成本，提高母猪的繁殖性能。对苜蓿草粉在吉林黑猪日粮内的适宜添加量进行了优选，并提出了从5%～15%的添加量与添加方案。

2. 苜蓿草粉在蛋鸡中的应用技术

添加5%苜蓿草粉饲喂蛋鸡，能改善蛋品质，显著提高蛋黄颜色、经济效益和商品性能；添加苜蓿草粉，低油脂组产蛋率分别提高了0.17%、2.72%、1.82%；高油脂组（因苜蓿能量水平低，故添加油脂）产蛋率分别提高了1.15%、2.69%、1.14%。在蛋鸡饲粮中添加不同水平的苜蓿草粉及不同水平的纤维酶研究中发现，7%苜蓿草粉组添加0.2%纤维素酶可提高提高饲料转化率，增加蛋黄颜色，粗蛋白、粗脂肪、粗纤维、酸性纤维消化率增高；能显著降低蛋黄中丙二醛（MDA）含量，从而延长鸡蛋的货架期。苜蓿草粉日粮添加纤维素酶可显著提高蛋鸡生产性能、蛋品质。

3. 富硒苜蓿草粉在蛋鸡中的应用技术

日粮添加15%富硒苜蓿草粉，研究富硒草粉对蛋鸡生产性能、蛋硒、组织硒含量影响。研究表明，基础日粮适量添加富硒牧草能显著（$P < 0.05$）提高蛋鸡产蛋率、日产蛋量和降低料蛋比，且产蛋率和日产蛋量均随添加富硒牧草硒含量提升呈先升后降趋势，料蛋比呈先降后升趋势；并显著（$P < 0.05$）提高蛋鸡蛋硒，以及鸡的血液、粪硒、胸肌、心肌、脾、肝脏和肾脏等组织器官的硒含量，且随添加富硒牧草硒水平

升高而增高。

4. 苜蓿草粉在肉兔中的应用技术

肉兔日粮中添加40%~50%苜蓿草粉可以提高其成活率和日增重（提高14%），改善肉品质，降低料重比24%；处理组血清中的总胆固醇均呈明显规律下降，肝脏和肌肉中的总胆固醇和甘油三酯也均低于对照组。

5. 富硒钴苜蓿草粉在獭兔应用技术

（1）日粮中添加7.5%~10%的富硒钴苜蓿草粉，研究富硒钴草粉对獭兔骨骼肌中营养成分的影响。研究表明，添加富硒钴苜蓿草粉对肉中蛋白质、脂肪和碳水化合物的含量影响不显著；而添加富硒钴苜蓿草粉能提高獭兔骨骼肌中蛋白质的含量，降低碳水化合物的含量，对脂肪含量影响不显著。

（2）日粮添加7.5%~10%富硒钴苜蓿草粉，研究富硒钴草粉对獭兔组织中Ca、Fe、Cu、Zn、Se、Co 6种矿质元素含量的影响。研究表明添加富硒钴苜蓿草粉能显著（$P < 0.05$）提高獭兔肝脏、肾脏和心脏硒含量，其中肝脏含量最高，其次肾脏；随硒量增加，更多硒首先富积在肝脏和肾脏；而富硒钴草粉比富硒草粉更有利于硒在大白兔肝脏富集，且添加富硒钴苜蓿草粉还能显著

（$P < 0.05$）提高肌肉和肝脏中 Fe、Cu 和 Zn 的含量。

6. 富硒苜蓿草粉对新西兰大白兔应用技术

日粮中添加 10 %～15% 的富硒苜蓿草粉，研究对新西兰大白兔胃蛋白酶活力、胃内残留率、小肠推进率、饲料转化率的影响。研究表明在新西兰大白兔的日粮中添加富硒苜蓿草粉，能在不同程度上提高大白兔的胃蛋白酶的活力、减少饲料在胃内的残留率，提高小肠对饲料的推动力，有利于饲料的转化与利用，饲料转化率提高 8.5%～9.0%，并且安全无副作用。

7. 苜蓿草粉在团头鲂和鲤鱼饲料中的应用技术

团头鲂饲料中添加苜蓿草粉能提高其生长性能，能降低其饵料系数，改善鱼肉品质，且有较好经济效益，以添加 16% 的紫花苜蓿草粉为宜；鲤鱼（62～118 克 / 条）饲料中添加 5% 苜蓿草粉能提高平均日增重、降低饵料系数、提高肌肉蛋白含量、改善体色。鲤鱼（250～550 克 / 条）饲料中 10% 苜蓿草粉为最适宜的添加量，且随着苜蓿草粉添加量的增多，粗脂肪和胆固醇逐渐降低。

# 苜蓿提取物饲养效果及应用技术

## 适用对象

本技术适用于产蛋鸡、肉仔鸡、大鼠。

## 技术目标

苜蓿提取物在动物中可以拓展苜蓿利用价值，特别有利于苜蓿在非反刍动物中的应用。为了实现此目标，以鸡和模式动物为研究材料，开展相关研究解决苜蓿提取物在动物中的应用难题，为拓宽苜蓿利用范围，延长产业链，提高附加值提供技术支撑。

## 技术要点

1. 苜蓿皂苷蛋鸡中的应用技术

在产蛋鸡饲料中应用苜蓿皂苷，能降低蛋鸡的料蛋比，而对大多数蛋品质指标无显著性影响，能显著降低鸡蛋胆固醇，改善蛋鸡抗氧化能力，促进粪便胆汁酸的排泄。在蛋鸡饲粮中添加不同水平的苜蓿草粉及不同水平的纤维酶，研究中发现，以7%苜蓿草粉组添加0.2%纤维素酶组效果最好，可提高饲料转化率，增加蛋黄颜色，粗蛋白、粗脂肪、粗纤维、酸性纤维消化率增高，显著降低蛋黄中丙二醛（MDA）含量，从而延长鸡蛋的货架期。苜蓿草粉日粮添加纤维素酶对显著提高蛋鸡生产性能、蛋品质。

2. 苜蓿皂苷肉仔鸡中的应用技术

在肉仔鸡饲粮中添加 0%、0.04%、0.08% 和 0.12% 的苜蓿皂苷，结果表明，添加量在 0.08% 以下时对其生产性能无影响，但添加量至 0.12% 时抑制肉仔鸡的生长。苜蓿皂苷能有效改善肉仔鸡的脂质代谢，减少肝脏胆固醇的合成，能影响或阻断胆汁酸的肝肠循环。建议肉仔鸡饲粮中苜蓿皂苷添加量以 0.08% 为宜。

3. 苜蓿黄酮在雌性大鼠的应用

针对成年期大鼠、青春期前大鼠、妊娠期大鼠，各选取 65 日龄雌鼠 75 只，分为 5 个处理，每个处理 3 个重复，每个重复 5 只大鼠。5 个处理分别是空白对照组、添加苜蓿黄酮 120 毫克/千克、添加苜蓿黄酮 400 毫克/千克、添加苜蓿黄酮 1 200 毫克/千克、添加己烯雌酚 0.5 毫克/千克。每只大鼠灌胃 2 毫升，连续灌胃 28 天、14天、19 天；通过对 3 个不同生理阶段饲喂苜蓿黄酮，我们发现苜蓿黄酮对不同生理阶段的雌鼠均产生了雌激素效应，并通过负反馈调节显著抑制了 GnRH 表达；在妊娠前至妊娠期饲喂苜蓿黄酮，对大鼠繁殖性能的改善明显强于仅在妊娠前饲喂。

4. 苜蓿皂苷在 SD 大鼠中的应用

选用雄性健康 SD 大鼠 32 只，体重（191.41±16.01）克。采用饲喂高脂饲粮的方法建立大鼠高脂模型。高脂饲粮组成包括 1.0% 胆固醇、0.1% 猪胆盐、10.0% 猪油、5.0% 蛋黄粉、5.0% 全脂奶粉、78.9% 基础饲粮。建模时间为 4 周。结果表明，苜蓿皂苷降低动物体内胆固醇的含量可能增加 LDLR（参与低密度脂蛋白胆固醇代谢过程的跨膜受体）mRNA 表达量加速胆固醇向肝脏的转运；增加 ABCG5/ABCG8m RNA 表达量加速中性胆固醇的分泌；苜蓿皂苷可增加 CYP7A1 mRNA 表达量加速胆固醇向胆汁酸的转变，从而加速动物体内胆固醇的排泄有关，对 CYP27A1 表达量的影响不大，说明苜蓿皂苷主要影响胆固醇代谢的经典途径，而对替代途径影响不大。苜蓿皂苷对高脂大鼠 ABCG5/ABCG8（肝细胞胆固醇转运）等基因表达影响显著，而对脂变肝细胞影响不大，说明苜蓿皂苷对高脂大鼠的影响是间接的，可能是代偿性的，也可能是通过激素等其他因素发挥作用。